La vérité est ailleurs

De l'origine de l'Univers à celle de l'Humanité

Jean HERCET

À Anne

À Jess, Théo et Nathan

Du même auteur

Une verité qui derange
Nous ne sommes pas les premiers sur terre

TABLES DES MATIERES

« Eloigne-toi de ceux qui prétendent détenir la Vérité, va plutôt vers ceux qui la cherchent. » Lao Tseu

AVANT-PROPOS

L'objet de ce livre est d'aborder divers sujets en rapport avec nos origines, tout en prenant de la distance par rapport aux idées reçues et aux thèses officielles.

Ce livre ne prétend pas révéler une quelconque vérité, dans quelque domaine que ce soit. Sa vocation est uniquement d'éclairer le lecteur, d'attirer son attention sur des points et des faits qui interpellent. Les faits ne relèvent ni de la foi intime, ni de la spéculation, ni de la croyance, ni du dogme. Les faits sont les faits, point !

Nous vivons dans une société où règne le culte de la pensée unique, où il n'existe qu'une seule voie, celle d'une élite. Ce constat est valable dans tous les domaines, y compris celui de la science. Aux yeux de la science, le mystère est considéré comme l'ennemi, tout ce qui ne peut être expliqué doit être écarté. La science préfère détourner le regard plutôt que d'avouer son incompréhension.

Ainsi, de nombreux domaines ou thèmes sensibles sont soumis à une véritable censure. L'accès à ces domaines est verrouillé par une minorité qui exerce un contrôle permanent. Les grands sujets tels que l'origine de la vie, l'apparition des espèces, y compris celle de l'homme lui-même, ainsi que la chronologie des civilisations, font l'objet de théories officielles présentées par la science comme des vérités établies.

Ces théories sont-elles crédibles ? Notre histoire depuis ses origines n'est-elle pas qu'une simple construction intellectuelle politiquement correcte ? Comme nous le verrons dans les chapitres suivants, de nombreux éléments plaident en faveur d'une toute autre version. Notre histoire, telle que nous la connaissons, telle qu'elle nous est enseignée, n'est qu'un édifice de façade.

Nous sommes en quelque sorte les otages d'un système défaillant qui nous propose, ou plutôt nous impose, des théories mensongères comme réponses. Soulever ces problèmes exaspère le monde scientifique. Il est vrai que si nous devions réécrire les bases fondamentales de notre histoire, cela entraînerait d'énormes problèmes, remettrait définitivement en cause les grandes religions et fragiliserait notre société actuelle. Ce sont sans doute les raisons essentielles qui expliquent le statu quo en place.

Les gouvernements craignent que nos sociétés soient déstabilisées par des informations susceptibles de remettre en cause les fondements de notre culture et de notre connaissance. De même, ils redoutent une déstabilisation profonde des religions, avec une panique des peuples dont les croyances s'effondreraient du jour au lendemain. Enfin, des révélations trop en marge des dogmes scientifiques entraîneraient un discrédit profond de la science en général.

En conséquence, gouvernements, religions et scientifiques ont tous intérêt à préserver le statu quo existant le plus longtemps possible. Le système éducatif classique est l'outil idéal pour formater les esprits dès le plus jeune âge et instiller une version édulcorée de notre histoire. La même logique a prévalu pendant des siècles avec l'enseignement de l'Église, où personne n'imaginait remettre en cause la parole religieuse.

Il semble que petit à petit, les choses évoluent, des doutes apparaissent, des questions se posent, une prise de conscience se fait jour... Et faute de réponses définitives, on découvre très vite les failles du discours officiel. Que savons-nous véritablement de notre histoire ? En réalité, nous ne savons pas grand-chose, si ce n'est qu'il existe énormément de lacunes, d'incohérences et de contre-vérités dans les théories qui nous sont proposées.

Un semblant de consensus donne l'illusion que ces questions sont parfaitement maîtrisées, mais il n'en est rien. Et si le débat sur nos origines suscite autant d'agitation, c'est bien parce qu'aucune réponse définitive n'existe à ce jour. Comment la vie est-elle apparue sur Terre ? Comment a-t-elle évolué ? Comment l'homme est-il apparu ? Depuis combien de temps ? Où, quand, comment... ? En fait, nous n'en savons rien, notre ignorance est totale. Les seules réponses dont nous disposons ne sont que des théories, et le moins que l'on puisse dire est qu'elles sont partielles et frustrantes.

Aujourd'hui, c'est au tour des généticiens d'essayer de faire parler l'ADN, de comprendre, de localiser une origine commune, mais là aussi, les scientifiques n'arrivent pas à se mettre d'accord. Non seulement les résultats obtenus, souvent contradictoires, ne conduisent à aucune conclusion, mais ils soulèvent plus de questions qu'ils n'apportent de réponses.

Le conformisme dans lequel se complaît la science la maintient dans l'impasse dans de nombreux domaines. De fait, scientifiquement parlant, les questions existentielles sont des domaines tabous, la communauté scientifique communique peu sur ces sujets. Faute de réponses, elle s'accroche à des dogmes et rejette par tous les moyens ce qui est susceptible de les remettre en cause. En cela, son comportement n'a rien à envier à celui de l'Église. Les deux écoles défendent leurs doctrines avec la même vigueur et par les mêmes moyens.

Le mensonge qui nous est imposé cache une réalité plus complexe, à nous de la découvrir.

« La vérité appartient à ceux qui la cherchent et non à ceux qui prétendent la détenir » Nicolas de Condorcet (1743 – 1794)

1 LA VOIE SCIENTIFIQUE

La recherche de la vérité

Sommes-nous sûrs de connaître notre propre histoire, celle de l'humanité ? Nous avons tendance à penser que oui, et que la science est aujourd'hui en mesure de nous apporter des réponses claires... Beaucoup vont être déçus de découvrir qu'il n'en est rien, et qu'en matière de réponse, la science nous propose au mieux des hypothèses et des théories, rien de plus.

La science échafaude en permanence des hypothèses, établit des conclusions, mais quand bien même ses conclusions font consensus, elles ne peuvent être assimilées à la Vérité. Il n'existe pas, même du point de vue scientifique, de méthode particulière qui puisse garantir le bien-fondé d'une théorie ou même de la rendre probable.

Nous devons prendre acte que les véritables réponses scientifiques n'existent pas. C'est la raison pour laquelle l'homme poursuit inlassablement sa quête, il a besoin de savoir, de se rassurer, de maîtriser, de croire, c'est dans sa nature. Certains croient en Dieu, d'autres en la science, avec autant de conviction. Même si la science et la religion se rejoignent souvent par leur aspect dogmatique.

La connaissance scientifique n'est pas la connaissance absolue, et elle n'a pas réponse à tout, loin s'en faut. Nous pouvons néanmoins déplorer la méthode qui consiste à transformer des points de vue idéologiques en vérités définitives. En dehors des sciences dites exactes, la science ne détient en fait que peu de vérités définitives, elle se contente généralement de proposer des hypothèses qui sont au mieux des probabilités.

Pour Paul Karl Feyerabend, philosophe des sciences, « toute théorie scientifique est un conte de fées ». Ce qui signifie qu'il s'agit toujours et avant tout d'une hypothèse, et aussi cohérente soit-elle, il ne s'agit en aucun cas d'une vérité absolue et définitive. Une théorie est donc par définition toujours discutable, aménageable, contestable... Et quand bien même les faits sont vérifiables et authentiques, ils peuvent donner lieu à des interprétations erronées ou partisanes.

Au XVe siècle, Paracelse ne disait-il pas déjà : « Ce qui est considéré par une génération comme le pinacle de la connaissance humaine est souvent estimé comme une absurdité par celle qui suit, et ce qui est jugé comme une superstition pendant un siècle peut former la base de la science pour le suivant ».

Il est indéniable que la science permet d'accéder à une certaine forme de vérité, et que la vérité doit être recherchée parmi les sciences. Mais contrairement à une idée reçue, la science ne nous permet pas d'accéder systématiquement à la vérité. Une vérité scientifique n'est bien souvent qu'une vérité relative, il convient d'en relativiser la solidité, elle doit être prise pour ce qu'elle est.

Les scientifiques se targuent d'être objectifs et neutres face aux faits qu'ils observent. Être objectif face à une réaction chimique basique est une chose, mais lorsqu'il s'agit de l'évolution, de l'homme, ou de tout autre sujet sensible, l'objectivité et la neutralité disparaissent.

Il faut distinguer deux aspects de l'approche scientifique : les faits et les résultats d'expériences qui peuvent être considérés comme relevant de la vérité ; et par ailleurs, les interprétations qu'en font les scientifiques, qui elles, ne peuvent pas être systématiquement tenues pour des vérités. Il ne s'agit en fait que d'une option retenue parmi d'autres possibles, laquelle relève d'un choix.

L'interprétation des faits conduit à une vision qui n'est pas forcément objective, et même assez souvent partisane. On ne peut donc parler que d'une vision de la vérité qui fait consensus à un moment donné. Il s'agit donc d'une vérité scientifique relative, susceptible d'évoluer dans le temps.

La vulgarisation scientifique nous donne, la plupart du temps, une vision approximative et imparfaite de la vérité. Objectivement, la notion de vérité, en matière de science, est à la fois complexe et fragile.

À partir du moment où l'on a acquis une certitude, on cesse de chercher : la certitude s'est transformée en « vérité », le doute et la critique en sont exclus. S'il est parfaitement légitime d'avoir des certitudes, il l'est beaucoup moins de les imposer comme des « vérités ». C'est en cela que l'attitude de certains scientifiques est détestable, leur agressivité à l'encontre de tout contradicteur est insupportable. Faut-il y voir une preuve de faiblesse, la peur d'avoir à reconnaître s'être trompé ?

Il semble également que le sens ou l'interprétation du mot « vérité » diffère selon les positions : pour les uns, la vérité est ce qui correspond au réel, pour les autres, la vérité est « ce qui doit être ». La première interprétation est une conception scientifique, alors que la seconde relève du dogme.

En matière de vérité, il n'y a que ce qui est... Les interprétations ne sont que des théories, et aucune ne peut prétendre au statut de vérité. S'il est une évidence en matière de vérité, c'est que les faits sont les faits. Il n'y a pas de vrais faits ou de faux faits, mais des faits tout simplement.

La vérité peut conduire à l'opposé du consensus, il ne suffit donc pas de la rechercher, il faut avoir le courage de l'affronter, oser l'entendre, y faire face, malgré les a priori et les idées préconçues.

Le véritable problème n'est pas ce que l'on ignore, mais bien ce que l'on tient pour certain et qui ne l'est pas ! Le but de la science est d'apporter au monde des réponses claires, des révélations qui ne procèdent ni de désirs, ni de convictions, ni de dogmes, mais bien du réel.

Comment fonctionne la science ?

Le cadre scientifique est régi par des règles, des constructions intellectuelles, des conceptions techniques et des définitions qui sont communes à tous les scientifiques.

La science est souvent associée à la rigueur et à l'impartialité, se défendant de toute idéologie, bien que ce ne soit pas toujours le cas. Elle est également sujette à des préjugés qui l'empêchent d'explorer des voies contraires à ses croyances et à ses dogmes.

De plus, la science est compartimentée en spécialités, elle est hyper-spécialisée, ce qui limite la compréhension globale des sujets. Chaque discipline reste donc figée, enfermée dans ses certitudes, et hésite à remettre en question ce qui est considéré comme acquis.

Il est important de souligner que la compétition au sein du milieu scientifique est féroce et favorise de nombreuses dérives. Le principal objectif de chaque chercheur ou scientifique n'est pas tant de faire des découvertes ou de révolutionner des théories, mais plutôt d'exister, de perdurer et, si possible, d'être reconnu voire admiré. Les problèmes d'ego sont en première ligne, la vanité et la gloire l'emportent souvent sur toute autre considération.

Les scientifiques opèrent au sein de réseaux d'influence, de clans fermés et de cercles hermétiques, et ont toujours imposé l'omerta au sein de leur discipline respective. Au sommet de ces cercles, les caciques prennent les décisions, surveillent et contrôlent que personne ne s'écarte du statu quo et de l'intérêt général. Ils établissent un système de travail, des règles et des thèses auxquelles tous doivent adhérer, condition sine qua non pour espérer conserver son poste et progresser.

Dans ce système de pouvoir, l'attribution d'une position dans la hiérarchie à un chercheur subalterne est conditionnée par sa soumission et son respect des règles édictées. Les futurs scientifiques sont imprégnés dès leurs années universitaires de toutes les théories officielles labellisées. S'ils souhaitent faire partie de la communauté scientifique, ils n'ont d'autre choix que de reconnaître, d'appliquer et de transmettre à leur tour ces théories. Ils font désormais partie d'une "caste" dont le libre arbitre est totalement encadré.

Les pressions institutionnelles conditionnent les prises de position. Ceux qui sont en désaccord s'abstiennent d'exprimer leurs opinions, car cela compromettrait leur avancement et leur carrière tout simplement.

Il est évident que la peur d'être mal vu, de ne pas être à la hauteur et de ne pas pouvoir progresser entraîne un comportement malsain. À partir de là, il n'y a plus de véritable logique, tous les excès sont permis, peu importe l'honnêteté et l'éthique intellectuelle.

Celui qui n'est pas accrédité par la communauté n'a aucune chance de pouvoir avancer ses propres idées. Peu importe qu'il ait des preuves ou des arguments, si ceux-ci ne sont pas conformes à la thèse officielle, point de salut. L'establishment scientifique veille en permanence à ce que personne ne vienne contrecarrer cette sacro-sainte position.

Tous les moyens sont bons pour parvenir à cette fin, y compris les méthodes dignes de l'inquisition. Les armes à leur disposition ne manquent pas, au rang desquelles le mépris, le discrédit, la marginalisation...

Il est donc souvent préférable de nier l'évidence pour préserver le mensonge.

Certaines disciplines, telles que l'archéologie, la paléontologie, l'anthropologie et les disciplines associées, sont parmi les plus concernées... Pas étonnant qu'elles soient considérées comme peu fiables et que leurs théories soient régulièrement attaquées. Il est vrai que ces domaines font largement appel à l'interprétation, et que celle-ci, comme nous l'avons vu, n'est pas toujours très objective. Ce sont aussi ces domaines dont l'histoire est entachée de tricheries à répétition, de dissimulations et de falsifications pour faire "coller" les découvertes avec l'objectif recherché.

Ces scientifiques ont beau nous expliquer qu'avant d'adopter une théorie, ils en ont préalablement validé la cohérence. Ce qu'ils oublient de dire, c'est que l'analyse de la cohérence d'une théorie relève essentiellement du subjectif. Il est aisé de comprendre que la manière dont la théorie relie les faits entre eux dépend beaucoup du point de vue de son auteur, de son analyse, de ses connaissances, mais aussi de ses a priori, de ses croyances et du cadre dans lequel il travaille...

L'objectivité est souvent absente du processus de recherche, et l'on ne s'attaque à un sujet que si l'on pense qu'il trouvera une solution dans le cadre du dogme en place. Un tri est donc fait préalablement pour décider des études qui seront abordées et de celles qui seront écartées. Inutile de prendre le risque de se trouver confronté à une impasse, à une conclusion qui n'entre pas dans le cadre des théories en cours.

Les chercheurs se concentrent exclusivement sur les scénarios auxquels ils ont foi.

Lorsqu'un fait ou une observation n'est pas conforme à ce que l'on est en droit d'attendre, la science ne s'en préoccupe pas, incapable de fournir une explication à ces anomalies, le sujet est simplement écarté.

Ce sont pourtant ces anomalies qui devraient attirer l'attention des scientifiques, et ce sont elles qui sont susceptibles de faire évoluer les théories en cours et notre vision du monde.

Ne jamais remettre en cause ses propres certitudes, c'est faire preuve d'obscurantisme ! Mais les détenteurs de vérité n'en ont cure, l'honnêteté intellectuelle et l'humilité ne sont pas leurs qualités premières.

Cette attitude du monde scientifique n'est pas récente. La science n'a jamais réellement été libre, et de tout temps elle a été confrontée à des contextes politiques, religieux ou économiques qui l'ont encadrée et orientée. De nombreux savants ont d'ailleurs sacrifié leur vie à cause de leurs publications ou de leurs convictions. Certes, de nos jours, on ne coupe plus les têtes, on ne risque plus le bûcher, mais les moyens de pression restent bien présents, ils ont tout simplement évolué, mais sont tout aussi dissuasifs.

Certains scientifiques admettent dans la confidence pratiquer l'auto-censure, de peur d'être mis sur la touche.

Ceux qui osent s'aventurer hors des sentiers balisés sont rapidement rappelés à l'ordre, voire tout simplement écartés. Je vous invite à lire l'excellente série de livres "Savants maudits, Chercheurs exclus" de Pierre Lance, aux éditions Guy Trédaniel. Il s'agit d'un réquisitoire clair et documenté contre ce que l'auteur désigne comme la "nomenklatura" scientifique.

Souvenons-nous qu'au début du XVIIe siècle, le célèbre mathématicien et astronome italien Galilée fut attaqué par l'Église et les grands de son époque pour avoir affirmé que la Terre était ronde et tournait autour du Soleil.

À l'époque, l'Église et les scientifiques craignaient déjà que la vérité puisse perturber l'ordre social. De tout temps, l'homme a craint d'être confronté au changement et à la remise en cause de ses croyances.

Tous les pouvoirs, qu'ils soient politiques, économiques ou scientifiques, mentent pour préserver leurs intérêts. Occulter certaines vérités leur paraît nécessaire pour ne pas provoquer de troubles qui risqueraient de perturber plus ou moins gravement la société. Le mensonge est permanent et soigneusement entretenu.

Les détracteurs sont souvent présentés comme des illuminés, des charlatans ou mieux encore, des complotistes. Les scientifiques adorent utiliser ce système de défense. Le complotisme est l'arme intellectuelle idéale, utilisée contre celles et ceux qui ne vont pas dans le sens de la pensée unique. Le seul but étant bien évidemment de décrédibiliser les détracteurs et d'annihiler ainsi toute opposition dérangeante.

Il est vrai qu'il existe de doux rêveurs et des complotistes au vrai sens du terme, mais beaucoup de ceux que l'on nomme "complotistes" n'en sont pas, ils expriment tout simplement une opinion tout aussi fondée, mais différente de la théorie officielle.

Ces contradicteurs sont en droit d'attendre en retour des arguments construits. Mais les gardiens du dogme préfèrent éviter le débat et utiliser leur arme fétiche, l'accusation de complotisme, technique qui fonctionne malheureusement trop bien.

Pour le commun des mortels, il n'est pas aisé de faire la différence entre les vrais complotistes et ceux qui ne font qu'exercer leur esprit critique et qui expriment une hypothèse ou avancent une théorie différente.

Aujourd'hui, la "théorie du complot" est l'arme systématiquement employée par ceux qui veulent nous imposer leur façon de voir le monde. Il ne s'agit ni plus ni moins que d'une forme de dictature de la pensée unique, dans tous les domaines et sur tous les sujets.

Ridiculiser un sujet, sans même prendre en compte les éléments de preuves et les arguments en sa faveur, est malheureusement monnaie courante.

C'est ainsi qu'un scientifique et écrivain par ailleurs, traite dans l'un de ses ouvrages de "pseudo-archéologues" tous ceux qui n'adhèrent pas à ses propres thèses. Il assène de manière péremptoire sa vérité comme la seule et unique qui vaille.

Les scientifiques et chercheurs de tous poils brandissent palmes et diplômes pour asseoir leur autorité et se considèrent comme une élite à part qui ne supporte pas la moindre remise en cause.

Plus la découverte est gênante ou déstabilisante, plus l'establishment mettra tout en œuvre pour la discréditer et persécuter le malheureux qui aura osé contrevenir à la règle.

Il est bien évidemment beaucoup plus aisé de discréditer l'intrus que de remettre en cause telle ou telle théorie, de justifier tel point de vue ou de discuter de telles preuves. Cette stratégie permet de détourner l'attention du véritable problème de fond et d'éviter le débat.

Il est évident qu'avec de telles pratiques, notre vision de l'histoire du monde n'est pas à la veille de changer.

Les idées nouvelles ne triomphent vraiment que lorsqu'il devient impossible d'y résister.

"Toute vérité passe par trois stades : en premier lieu on la ridiculise ; en deuxième lieu on s'y oppose violemment ; enfin on l'accepte comme si elle allait de soi." - Arthur Schopenhauer.

Le propos de ce livre n'est pas de faire un procès d'intention au monde scientifique. Faire preuve de scepticisme et de rationalisme est une attitude propre à leur profession, elle est à la fois légitime et respectable.

Ce qui est par contre contestable, c'est l'obscurantisme et la mauvaise foi dont certaines disciplines font preuve. Celles-là mêmes qui utilisent des moyens et des méthodes inavouables pour défendre leurs vérités.

Heureusement pour nous, de nos jours, même les censures les plus verrouillées ne peuvent plus garantir l'occultation totale de la vérité.

De nombreuses théories,
mais peu de certitudes !

Nous ne savons pas grand-chose du monde dans lequel nous vivons.

On nous dit :

- Que l'Univers est né d'un Big Bang.
- Qu'il date de près de 14 milliards d'années.
- Que la vie sur Terre est une exception.
- Qu'elle est apparue par hasard.
- Que l'homme descend du singe.
- Que l'homme moderne a 200 000 ans.
- Que la première civilisation a 8 000 ans.

...etc.

Voyons ce qu'il en est.

2 L'UNIVERS

Considérations

L'église nous dit que c'est Dieu qui l'a créé, la science nous explique que c'est un Big Bang initial... Autrement dit, avec cela, vous savez tout, ou plus exactement, absolument rien !

L'univers existe-t-il depuis toujours ? Est-il né du néant ? Pourquoi existe-t-il ? Autant de questions auxquelles nous aimerions tous avoir les réponses. En tout cas, il semble bien que rien ne soit le résultat du hasard. Tout dans l'univers connu semble être méthodiquement orchestré et obéir à un plan précis et prédéfini. L'infiniment petit et l'infiniment grand coexistent selon des schémas identiques... Tout est équilibre et harmonie.

La Genèse nous dit qu'il s'agit de l'œuvre de Dieu, une explication dont tous les croyants se satisfont et qui a le mérite de couper court à toute autre réflexion. En supposant que Dieu ou le hasard ne soit pour rien derrière cet extraordinaire événement, existe-t-il une autre explication ? Nous est-elle accessible ?

Il est difficilement contestable que l'harmonie qui règne à tous les niveaux dans l'univers est liée à une forme d'intelligence. De même, comment imaginer que l'univers soit né à partir de rien ? L'immense masse de matière dont est constitué l'univers trouve son origine quelque part.

La physique quantique nous explique que la matière et l'énergie dépendent d'un autre monde invisible, celui de l'information. Il s'agit donc d'une première piste qui nous laisse supposer que l'information préexistait avant le Big Bang... Et cette information aurait présidé à la naissance de l'univers.

Le Big Bang

Le terme "Big Bang" a été employé pour la première fois en 1950 par le cosmologiste britannique Fred Hoyle lors d'une émission de la BBC. Il voulait en fait se moquer de l'idée d'une gigantesque explosion à l'origine de l'univers telle que proposée par Georges Lemaitre, un astrophysicien belge, en 1927. Le terme est resté, et la théorie adoptée selon laquelle, il y a environ 13,7 milliards d'années, une fulgurante explosion aurait été à l'origine de l'univers, de l'espace et du temps. C'est aujourd'hui la théorie la plus communément admise pour expliquer la formation de l'univers.

Ce qui aurait suivi immédiatement après le Big Bang relève également de la théorie. Selon ce schéma, les premiers protons, électrons et neutrons se seraient formés, puis les noyaux atomiques et enfin les atomes. La matière se serait progressivement agrégée, les premières étoiles seraient apparues, suivies des galaxies, des amas et des superamas de galaxies...

Ce processus aurait été relativement rapide par rapport à l'âge de l'univers ; il aurait fallu environ 300 000 ans pour que les atomes d'hydrogène et d'hélium voient le jour, et environ un million d'années pour que les nuages froids d'hydrogène et d'hélium se forment. Après quelques centaines de millions d'années, ces nuages suffisamment condensés auraient donné naissance aux galaxies primitives, appelées protogalaxies. Ces protogalaxies se seraient ensuite fragmentées en des centaines de milliards de nuages gazeux, qui seraient devenus des étoiles.

La masse de certaines d'entre elles aurait atteint 100 fois la masse de notre soleil, mais leur durée de vie aurait été très courte, tout au plus 4 millions d'années. En mourant, elles auraient expulsé dans l'espace tous les éléments chimiques qu'elles avaient eu le temps de "fabriquer", tels que l'oxygène, le carbone, le silicium, le soufre, etc. La matière expulsée par ces étoiles massives aurait donné naissance à de nouvelles étoiles, appelées étoiles de deuxième génération.

Selon le modèle cosmologique du Big Bang, l'univers aurait connu une phase d'inflation relativement courte mais très violente, qui lui aurait permis de grossir considérablement. Ensuite, il serait entré dans une phase d'expansion à un rythme beaucoup plus lent, qui se poursuivrait encore aujourd'hui.

Il ne s'agit là que d'une théorie, même si un certain nombre d'éléments lui apportent crédit. En 1948, un physicien et astronome américano-russe, George Gamow (1904-1968), a publié avec l'un de ses étudiants Ralph Alpher un article sur la formation des éléments au cours des premières phases de l'expansion de l'univers. Ils décrivent l'univers d'origine comme une soupe très dense de neutrons et de protons, et démontrent que les quantités résiduelles d'hydrogène et d'hélium dans l'univers peuvent s'expliquer par les réactions nucléaires qui ont dû avoir lieu pendant le Big Bang.

Pour la première fois en 1964, les physiciens américains Arno Allan Penzias et Robert Woodrow Wilson ont apporté une preuve partielle de la théorie du Big Bang. Alors qu'ils travaillaient aux Laboratoires Bell sur un nouveau type d'antenne, ils ont découvert par hasard une source de bruit qu'ils ont finalement identifiée comme étant le rayonnement thermique fossile laissé par le Big Bang.

Cette théorie ne fait cependant pas l'unanimité. Certains ont du mal à accepter la naissance de l'univers ex nihilo, l'idée d'un "commencement" ou celle d'un univers en expansion. D'autres théories émergent, sans qu'aucune ne fournisse d'éléments décisifs.

La théorie du Big Bounce

Certains pensent que l'univers a existé de toute éternité. L'astrophysicien français Aurélien Barrau, spécialisé en relativité générale, physique des trous noirs et cosmologie, remet en question la notion d'un Big Bang en tant qu'instant originel de l'univers. Selon lui, ce que nous pensions être le début ne serait en réalité qu'un point de passage entre la phase actuelle d'expansion de l'univers et une phase de contraction qui l'aurait précédée. Il s'agit de la théorie du Big Bounce (le grand rebond), un modèle cosmologique cyclique qui suppose que l'univers alterne des phases d'expansion et de contraction, le Big Crunch étant immédiatement suivi d'un Big Bang.

C'est encore une fois Georges Lemaitre qui, en 1933, a suggéré un modèle d'univers alternant entre le Big Crunch et le Big Bang. Selon lui, l'univers actuel finira un jour par cesser de se dilater et commencera alors à se contracter jusqu'à un Big Crunch (effondrement terminal), mais il serait stoppé par un nouveau Big Bang, selon le concept de l'éternel retour.

Il s'agit là d'un modèle purement théorique, même s'il repose sur des arguments parfaitement recevables.

La théorie du Big Rip

La théorie du Big Rip, ou "Grande déchirure", est un autre modèle cosmologique qui a été proposé en 1999 par un cosmologiste américain, Robert R. Caldwell. Selon cette théorie, après une longue phase d'expansion, toutes les structures de l'univers, des plus petites aux plus grandes, finiraient par être déchirées par la violence finale de cette expansion. Ce scénario suggère donc que l'univers aurait une fin.

Une autre théorie

Il existe d'autres pistes, et l'une d'entre elles en particulier mérite d'être développée. Commençons par un préambule : constatons que le vivant passe inévitablement par trois phases : la naissance, la vie et la mort. Même si les planètes, les étoiles et les galaxies sont des objets inanimés, nous pouvons décrire leur évolution de la même manière. Elles naissent, vivent et finissent par mourir, bien que la notion de temps diffère.

Prenons l'exemple des étoiles. Personne ne conteste qu'il en naisse régulièrement dans toutes les galaxies de l'Univers. Une étoile naît à partir de l'effondrement gravitationnel d'un nuage de gaz, de molécules et de poussières, qui se contracte, se comprime et s'échauffe jusqu'à atteindre un seuil fatidique à partir duquel des réactions de fusion thermonucléaire se déclenchent. Ainsi, une nouvelle étoile voit le jour ! Elle grossit progressivement en captant de la matière, des planètes se forment autour d'elle, donnant ainsi naissance à un nouveau système solaire.

Après un temps considérable, l'hydrogène finit par se raréfier, la fusion s'arrête, le cœur de l'étoile se contracte et l'atmosphère se dilate. L'étoile devient une géante rouge, la température de son noyau atteint 100 millions de degrés... Finalement, l'étoile expulse son atmosphère dans l'espace et se transforme en une naine blanche, un astre incroyablement dense, résidu d'une étoile modeste (moins de huit masses solaires) qui a épuisé son carburant nucléaire.

Cette naine blanche est extrêmement dense, environ une tonne par centimètre cube. Si sa masse dépasse 1,44 fois celle du Soleil, elle s'effondrera sous l'effet de sa propre gravité. Sinon, elle brillera pendant des milliards d'années avant de s'éteindre et de devenir une naine noire.

En ce qui concerne les étoiles dont la masse dépasse 25 fois celle de notre Soleil, elles donneront naissance à une étoile à neutrons. Leur masse est trop élevée pour que la pression des neutrons puisse s'équilibrer avec la gravité. L'astre s'effondre alors sur lui-même et engendre la création d'un trou noir.

Que se passe-t-il ensuite dans un trou noir ? En réalité, personne ne le sait, il semble simplement que rien ne puisse en sortir, pas même la lumière. Quant à ce qu'il advient du trou noir luimême, personne n'a de réponse.

Stephen Hawking a suggéré que les trous noirs pouvaient "s'évaporer", c'est-à-dire disparaître. Cependant, il est difficile d'imaginer que quelque chose puisse simplement disparaître, car rien ne se perd, rien ne se crée, tout se transforme.

Certains avancent l'idée que la déchirure spatio-temporelle pourrait conduire à un nouvel univers.

Cette idée est moins exotique qu'elle n'y paraît, et elle mérite d'être approfondie. Elle offre une perspective intéressante à l'échelle de l'Univers.

Revenons 13,7 milliards d'années en arrière, au moment du Big Bang. Beaucoup prétendent qu'il n'y avait rien avant. Je pense, au contraire, qu'il devait y avoir quelque chose, ce "quelque chose" ayant provoqué une gigantesque explosion qui a donné naissance à notre univers.

On peut imaginer que la masse et l'énergie de l'univers futur étaient concentrées en une masse incroyablement dense, dans un super trou noir par exemple...

Ce qui suppose que notre univers n'est pas le seul. Il est probable en effet que nous fassions partie d'un multivers, c'est-à-dire un ensemble d'univers multiples et distincts.

Chaque univers doit, tout comme les étoiles et les galaxies, passer par trois phases : naissance, vie, mort.

Les étoiles, une fois leur carburant consommé, finissent par s'éteindre. D'ici environ un billion d'années, la dernière étoile s'éteindra. Les galaxies ne seront peuplées que de planètes, d'étoiles mortes et de trous noirs. Une par une, les planètes et les étoiles s'effondreront dans ces trous noirs, qui finiront par se regrouper en un trou noir massif... Après un temps incommensurable, l'univers en fin de vie finira lui-même par devenir un énorme trou noir... Mais tout n'est pas perdu.

Ce trou noir d'une densité extrême finira par s'effondrer sur lui-même, il sera comme aspiré dans un tunnel et ressurgira de l'autre côté dans une gigantesque explosion, expulsant une énorme quantité d'information, d'énergie et de matière en devenir. Un nouvel univers verra le jour.

Ceci expliquerait l'origine de l'énergie colossale qui s'est répandue dans le vide primordial il y a 13,7 milliards d'années. N'oublions pas qu'Einstein a démontré que l'énergie peut se transformer en matière...

Notre univers serait donc en quelque sorte l'enfant d'un univers mère, le produit d'un ancien univers...

Le méta-univers précédent qui a engendré notre univers lui a transmis toutes les informations nécessaires à son développement et son évolution, y compris les germes de la vie. C'est un processus cohérent et commun à tout ce qui naît, vit et meurt.

Notre univers ferait ainsi partie d'un processus en constante construction, se répétant à l'infini. Chaque nouvel univers possède les informations du précédent à sa naissance, ainsi que celles accumulées tout au long de son existence. L'information doit être considérée comme la base et l'essence même de tout ce qui existe, y compris la vie.

Ainsi, à chaque "renaissance", l'univers progresse vers une nouvelle étape de son évolution. Il tend vers un niveau supérieur, vers un mieux, vers une complexité croissante... Il semble que ce soit une loi universelle !

L'Univers n'est donc pas né par hasard ; il ne doit pas être considéré comme une simple structure physique composée de matière, de galaxies, d'étoiles, de planètes... Au contraire, il s'agit d'une entité incroyablement organisée, derrière laquelle se cache une forme d'intelligence, ou plus précisément de conscience, que nous sommes incapables de saisir et qui constitue en quelque sorte la Matrice Universelle.

L'astrophysicien britannique Arthur Stanley Eddington (1882-1944) ne disait-il pas que la matière première de l'Univers tout entier était la matière grise ? Ces propos peuvent être complétés par ceux de Teilhard de Chardin, pour qui le destin de l'Univers est d'évoluer vers une forme de conscience toujours plus élevée, jusqu'à atteindre un point final ultime où toute dualité aura disparu au profit de l'Unité.

Notre Univers est le fruit d'une succession d'univers, dont chacun hérite de l'évolution du précédent et évolue à son tour.

L'évolution est la grande loi universelle à laquelle rien n'échappe et dont la finalité n'est pas définie. Il se peut que cela aboutisse à la disparition de tout univers physique au profit d'un monde sans forme, subtil, énergétique et spirituel, d'un monde supra-conscient, l'Akasha dont parlent les traditions... Une nouvelle Unité primordiale.

Quelle est la taille de l'Univers ?

Nous ne savons pas répondre à cette question, la seule donnée que nous appréhendons à peu près est la taille de l'univers observable.

On appelle Univers observable tout simplement ce qui peut être observé depuis la Terre, et qui ne représente qu'une partie de l'Univers réel. Sachant que du fait de l'expansion, chaque jour des galaxies disparaissent de notre vue pour s'évaporer dans l'univers inobservable.

La limite de l'Univers observable correspond à la frontière au-delà de laquelle l'Univers et tout ce qui s'y trouve ne sont plus accessibles à l'observation.

En partant du principe que l'Univers est âgé d'environ 13,7 à 13,8 milliards d'années, et en prenant en compte son expansion, les cosmologistes estiment que la distance actuelle de l'horizon cosmologique est de l'ordre de 45 à 46 milliards d'années-lumière. Quant au diamètre de l'Univers observable, il est estimé à environ 93 milliards d'années-lumière, soit 880 000 milliards de milliards de kilomètres...

La mission Planck (2009 - 2013) et le programme de relevés numériques du ciel, initié à l'aide du télescope de l'observatoire d'Apache Point (Nouveau-Mexique) projet SDSS, laissent à penser que si l'Univers est courbé, il présente en fait un rayon de courbure 250 fois plus grand que ce que nous observons. Ce qui signifierait que le diamètre de l'Univers tout entier est au minimum de 23 trillions d'années-lumière... !

Il ne s'agit là que d'extrapolations, trop de paramètres nous sont encore inconnus. Ainsi, nous ignorons combien de temps a duré l'inflation, si elle a été constante, et si l'hypothèse de l'inflation éternelle est correcte. Autant d'éléments qui ne permettent pas de statuer sur la taille réelle de l'Univers.

On estimait jusqu'à très récemment que le nombre de galaxies contenu dans notre Univers se situait entre 100 et 200 milliards, mais nous venons de découvrir que ce nombre était largement sous-estimé. D'après les données récoltées à partir du télescope Hubble, les chercheurs ont pu préciser le nombre de galaxies présentes dans l'Univers observable et avancer une estimation entre 1 000 et 3 000 milliards de galaxies... !

Il s'agit d'une quantité qui dépasse l'entendement, et encore ne s'agit-il que de galaxies, et uniquement dans l'Univers observable. On estime que chaque galaxie compte entre 200 et 400 milliards d'étoiles... Je vous laisse le soin de faire le calcul !

Nous commençons tout juste à appréhender l'immensité de l'Univers observable, c'est dire que nous ne connaissons rien de l'Univers dans son ensemble, nous ignorons s'il est fini ou infini, s'il est unique ou multiple, s'il est éternel ou non.

De nombreuses théories existent, sans qu'aucune n'ait été validée.

En dépit du nombre exorbitant de galaxies dans l'Univers, comptant chacune des centaines de milliards d'étoiles, l'immensité de l'Univers est quasiment vide, puisqu'il ne compte qu'un atome par mètre cube, alors qu'on estime que le corps humain en contient environ 3,6 milliards de milliards de milliards...

Selon la physique classique, le vide est défini comme l'absence de matière, mais le vide de l'Univers n'est en fait qu'illusoire, puisqu'il est rempli d'énergie - l'éther selon les anciens, l'énergie du point zéro selon la physique quantique... qui reste pour l'heure très méconnue, mais dont les propriétés nous réservent de grandes découvertes.

Autre question qui nous taraude, combien y a-t-il de planètes habitables dans notre seule galaxie ? La réponse est simple, nous n'en savons rien, et les estimations varient dans des proportions énormes selon les chercheurs.

Selon une étude récente, il existerait au minimum une planète par étoile dans notre galaxie, soit entre 200 et 400 milliards de planètes, dont, au grand minimum, un milliard de planètes de type terrestre. On estime entre 20 et 40 milliards le nombre d'exoplanètes dont la taille est équivalente à celle de la Terre et qui orbiteraient dans la zone habitable de systèmes planétaires.

Le programme spatial Kepler a permis la découverte de milliers de petites planètes telluriques.

Environ une étoile sur 10, voire une sur 5, ressemble à notre soleil. Chacune d'elles posséderait en orbite favorable une planète plus ou moins de la taille de la Terre, laquelle posséderait les conditions favorables à la vie.

Au cours de l'année 2014, une équipe de chercheurs estimait qu'il existait environ 100 millions de planètes habitables dans notre seule galaxie. Ce chiffre a été largement revu à la hausse depuis, puisque des chercheurs de l'Université nationale australienne avancent aujourd'hui le chiffre de 100 000 millions de planètes habitables... !

Ce chiffre très élevé est sans doute encore loin de refléter la réalité, puisque nos découvertes sont faites principalement par l'intermédiaire du télescope spatial Kepler, lequel manque d'efficacité et se contente de repérer les planètes qui gravitent proche de leur étoile.

Certaines estimations portent ce nombre à plus de 100 milliards, uniquement dans notre galaxie ! Imaginez le nombre à l'échelle de l'Univers observable... Et de l'Univers tout entier !

Ces nombres sont tellement époustouflants qu'ils dépassent l'entendement, et la réalité est vraisemblablement très au-delà de ces chiffres. L'Univers est véritablement colossal !

Les plus anciennes étoiles de la Galaxie sont presque aussi âgées que l'Univers lui-même. L'âge de la plus vieille étoile de la Voie lactée est estimé à 13,2 milliards d'années.

Dans les années 1960, Franck Drake se livra à un calcul de probabilité portant sur le nombre de civilisations technologiquement avancées dans notre seule Voie lactée. Elles devaient être au moins 10 000, selon lui. En 1979, Carl Sagan a actualisé ce chiffrage en fonction des connaissances du moment et fixa ce nombre à 1 000 000 de civilisations intelligentes ! Il est fort à parier que ce nombre a encore considérablement évolué au regard des découvertes les plus récentes.

Quel que soit ce nombre au final, une chose est évidente, nous ne sommes pas seuls, loin s'en faut. Bien que nous ayons été éduqués dans la croyance que la vie se soit seulement développée sur Terre, nous ne sommes en fait qu'une toute petite civilisation insignifiante parmi des millions d'autres, dont beaucoup sont infiniment plus évoluées.

Notre planète à l'échelle de l'Univers

Il y a tout juste quatre cents ans, l'homme a compris que la Terre n'était pas le centre de l'Univers. Il y a tout juste un siècle, il a appris l'existence d'autres galaxies. Il y a seulement quelques décennies, il a commencé à envisager que d'autres planètes pourraient être habitables. Il y a à peine 20 ans, les premières exoplanètes ont été détectées.

L'homme n'a pas encore la preuve que des millions d'autres planètes sont habitées. Il ne se doute même pas qu'il ne fait partie que d'une toute petite civilisation primitive.

Notre compréhension de l'Univers en est encore à ses balbutiements, et nous devons donc rester humbles.

À l'échelle de l'immensité de l'Univers, notre planète est absolument insignifiante. Elle orbite, aux côtés de sept autres planètes, autour de son étoile, le Soleil, à une distance d'environ 150 millions de kilomètres. Notre système solaire a un rayon d'environ une année-lumière et fait partie d'une structure encore plus vaste, la Galaxie, également appelée "Voie Lactée". Notre système solaire se trouve en périphérie de la Galaxie, à plus de 27 000 années-lumière de son centre.

Pour comprendre l'énormité de cette distance, il faut se rappeler qu'une année-lumière équivaut à la distance parcourue par la lumière dans le vide pendant une année julienne, soit environ 9 461 milliards de kilomètres... Alors, 27 000 années-lumière !

Nous savons qu'il existe entre 2 000 et 3 000 milliards de galaxies dans l'Univers connu. Elles se regroupent en amas de galaxies liées entre elles par la force de gravitation.

L'amas auquel notre galaxie appartient est appelé Groupe local et compte près de 60 galaxies.

Les amas de galaxies s'organisent à leur tour en structures immenses appelées "superamas", qui ont des dimensions colossales et contiennent plusieurs dizaines d'amas de galaxies.

La taille absolument considérable de l'Univers, l'existence potentielle d'autres univers ou d'autres dimensions, nous obligent à reconsidérer avec humilité notre modeste condition. Nous ne sommes pas, et de loin, le "centre du monde" comme nous l'avons cru pendant longtemps, pas plus que ne le sont notre planète ou notre galaxie.

Il est donc totalement absurde d'imaginer que nous puissions être la seule planète de l'Univers à abriter une vie intelligente. Selon les dernières estimations, il y aurait au moins un milliard de planètes de type terrestre dans notre seule galaxie. La vie doit donc mathématiquement être présente ailleurs que sur Terre, et très probablement partout dans l'Univers. La vie intelligente, bien que plus rare, devrait également être relativement courante.

Affirmer, comme l'a fait le biologiste Jacques Monod, que l'homme est seul dans l'immensité de l'Univers et que l'origine de la vie sur Terre relève de circonstances improbables, est un raisonnement totalement absurde.

En réalité, nous vivons dans un Univers où la vie n'est pas l'exception, mais la norme, y compris la vie intelligente. Depuis bien avant la naissance de notre propre planète, d'autres planètes étaient déjà habitées. Des civilisations sont nées, certaines ont disparu, d'autres ont prospéré et ont atteint un niveau de développement que nous ne pouvons même pas imaginer.

Bien sûr, toutes les planètes habitables ne sont pas nécessairement habitées. Les scientifiques nous disent que pour que la vie démarre sur une planète de type terrestre, certaines étapes physiques et chimiques sont nécessaires. Cependant, nous ignorons totalement quelles sont ces circonstances, et il est impossible d'extrapoler le nombre de planètes susceptibles d'abriter une forme de vie. Mais il est tout aussi absurde d'affirmer que seule la Terre est habitée.

Les lois physiques qui régissent l'Univers sont universelles, il est donc évident que le processus de la vie s'est développé ailleurs que sur Terre. Cette idée gagne de plus en plus d'adeptes : la vie apparaît aussi souvent qu'elle en a la possibilité, ce qui signifie que l'Univers tout entier grouille de vie !

Il doit mathématiquement exister des planètes où la vie est moins avancée que sur Terre, et d'autres où elle l'est infiniment plus. En se basant sur les données scientifiques, l'Univers est estimé à environ 13,7 milliards d'années, tandis que la Terre est relativement jeune, avec seulement 4,5 milliards d'années. Il est donc totalement improbable que la vie soit apparue en premier sur Terre. En revanche, il semble évident que le même scénario s'est produit sur de nombreuses autres planètes, qui nous ont précédés de plusieurs milliards d'années. Des civilisations se sont développées sur ces planètes, certaines ont sans doute disparu, mais d'autres ont prospéré et ont acquis une très grande avance technologique.

Il leur est possible depuis longtemps de se déplacer à l'intérieur et à l'extérieur de leurs galaxies, ils maîtrisent probablement l'espace-temps. Il est également logique de penser que certaines de ces civilisations nous ont visités, voire nous visitent encore... Il est même possible que certaines d'entre elles aient joué un rôle dans le processus de la vie sur Terre, voire dans la "création" de l'homme par le biais du génie génétique.

En tout état de cause, l'existence de civilisations extraterrestres est aujourd'hui une certitude, les grandes puissances sont d'ailleurs parfaitement au courant, même si, pour diverses raisons, elles ne le reconnaissent pas officiellement.

3 LA VIE

Comment peut-on définir la vie ?

La vie est une notion complexe à définir, d'autant plus que nous ne connaissons que la vie sur notre planète Terre. On peut dire que, contrairement aux objets inanimés, les organismes vivants se caractérisent par la grande complexité de leur structure interne et leur activité autonome.

En réalité, chaque discipline scientifique a sa propre définition de la vie, et il en existe des dizaines, sans qu'aucune ne donne entièrement satisfaction. Cependant, ces définitions partagent quelques points communs : les caractéristiques principales incluent l'élaboration par soi-même de structures macromoléculaires complexes telles que les protéines, ainsi que la capacité à mobiliser l'énergie nécessaire à la synthèse et au maintien de cette organisation. De plus, la capacité à se reproduire de manière identique est également considérée.

La vie peut également être définie du point de vue de ses constituants essentiels tels que les acides nucléiques (ARN et ADN), les protéines, les glucides et les lipides. Chacun de ces constituants a pour particularité de remplir une fonction identique chez tous les êtres vivants connus : les acides nucléiques supportent et transmettent l'information, les protéines assurent l'organisation structurale et les réactions de catalyse biochimique, les glucides ainsi que certains ARN participent également à ces processus, et les lipides délimitent les compartiments cellulaires.

Comment est apparue la vie ?

Si l'on se réfère à la théorie scientifique officielle, la vie aurait fait son apparition par hasard à partir de ce qui est généralement décrit comme une "soupe primordiale". Les molécules inanimées présentes dans cet environnement primitif se seraient regroupées et complexifiées, puis auraient acquis une activité sous l'effet de décharges électriques produites par la foudre. Au terme d'un processus long et mystérieux, les premiers micro-organismes seraient alors apparus.

Grâce à l'évolution et à la sélection naturelle, la vie aurait progressivement évolué vers des organismes de plus en plus complexes. Les bactéries puis les molécules ont ensuite muté pour donner naissance aux premiers êtres vivants, et par le schéma évolutionniste, des poissons, des reptiles, des mammifères, jusqu'à l'homme lui-même.

Cette théorie selon laquelle la vie est apparue à partir de matière inorganique s'apparente à la notion de génération spontanée, mais elle est appelée "abiogenèse chimique". De là à expliquer comment la matière inanimée a pu donner naissance à la vie demeure un mystère. Malgré les milliers de publications sur le sujet, aucune réponse convaincante n'a été proposée. Aujourd'hui encore, le processus d'apparition de la vie reste inexpliqué, et personne ne sait comment les atomes et les particules de la matière inerte ont pu s'assembler et s'organiser pour engendrer la vie.

Des acides aminés élémentaires ont pu être créés en laboratoire, mais la conception d'une cellule vivante autosuffisante, dotée de tous les processus biologiques vitaux, reste un objectif inaccessible.

Toutes les tentatives pour expliquer l'apparition de la vie de manière naturelle et fortuite vont à l'encontre des règles scientifiques elles-mêmes. Les biologistes italiens Lazzaro Spallanzani (1729-1799) et Louis Pasteur (1822-1895) ont d'ailleurs réfuté cette théorie en démontrant l'impossibilité de la génération spontanée, prouvant au contraire que la vie provient toujours de la vie.

Selon la biogenèse, qui est le principe opposé à l'abiogenèse, la création d'un nouvel organisme vivant ne peut se faire qu'à partir d'un ou plusieurs organismes existants, ou bien de nouvelles cellules issues de cellules préexistantes, et en aucun cas à partir de matière inorganique.

Quoi qu'en disent les scientifiques, la vie demeure une énigme. Malgré les nombreuses théories existantes, aucune ne parvient à fournir une explication claire, rationnelle et définitive sur le sujet. Mathématiquement parlant, l'apparition de la vie par hasard repose sur une improbabilité telle qu'elle relève de l'impossible.

La théorie de la génération spontanée, autrefois envisagée, a été définitivement abandonnée. La seule certitude que nous avons est que la vie est effectivement apparue un jour sur Terre. Toutefois, le phénomène qui a présidé à cette apparition, voire même à la naissance de la toute première cellule, reste un immense mystère. Comment cette cellule a-t-elle acquis la capacité de croître et de se répliquer ? Nous n'en savons rien.

Et si l'évolution a bel et bien eu lieu, est-ce un processus naturel ou a-t-il été engendré et dirigé ? À l'heure actuelle, toutes les explications relèvent de la spéculation. Nous ne savons pas définir clairement ce qu'est la vie, nous ne savons pas comment elle est née, comment elle s'est développée, sous quelle forme elle existe ailleurs dans l'univers, s'il s'agit d'un phénomène universel ou non, d'un phénomène courant ou non, ou simplement le fruit d'un improbable hasard. Nous n'avons que des hypothèses et en aucun cas des réponses claires à ces questions. En d'autres termes, nous ne savons rien, n'en déplaise aux scientifiques de tous bords.

La science nous dit, mais il ne s'agit là encore d'une simple théorie, que "la vie a pris naissance à partir de composés organiques simples constitués de six éléments : le carbone, l'hydrogène, l'azote, l'oxygène, le phosphore et le soufre". Cependant, cela suppose qu'à un moment donné, la chimie se soit transformée en biologie... Et la question fondamentale du "comment" reste sans réponse.

Pourquoi le hasard ne peut-il être retenu

Rien ne permet d'imaginer que le hasard ait pu engendrer la construction d'organismes stables et fonctionnels. Le hasard, par définition, ne génère jamais l'ordre. De même, il est difficile d'imaginer que l'évolution ait pu être soumise au simple hasard des mutations. Pour que chaque étape de l'évolution puisse se réaliser, il aurait fallu qu'un nombre incalculable de gènes évoluent en même temps et dans la même direction. Statistiquement, il est impossible, inconcevable et invraisemblable que ce phénomène résulte du simple hasard.

En termes de statistiques, à partir d'une probabilité de 1 sur 10 élevé à la puissance 50, la réalisation d'un quelconque phénomène par pur hasard est impossible. Il a été calculé, par exemple, que l'apparition de la bactérie la plus élémentaire par de simples combinaisons moléculaires aléatoires est de 1 sur 100 milliards. Autrement dit, d'un point de vue statistique, il est totalement improbable que la première molécule d'ADN soit apparue par hasard.

Nous connaissons aujourd'hui environ 500 acides aminés, dont environ 149 se retrouvent dans les protéines, mais seuls 22 d'entre eux sont codés par le génome des organismes vivants. Cela signifie que pour obtenir une seule protéine, il faut que 22 acides aminés différents se combinent de manière extraordinairement précise. La probabilité qu'une telle chaîne se forme par pur hasard est une fois de plus totalement improbable.

Ce qui est vrai pour une seule protéine l'est encore davantage pour une cellule entière. Mathématiquement, même en considérant un laps de temps de milliards de fois supérieur aux 4,5 milliards d'années généralement attribuées à notre planète, ce temps serait encore largement insuffisant pour que ce mécanisme fondamental puisse être initié par le simple effet du hasard.

La construction des premières briques de la vie implique un mécanisme d'une sophistication telle qu'il est totalement inimaginable d'invoquer le hasard comme explication. Et même si tous les éléments indispensables à la vie avaient pu être réunis, comment auraient-ils pu s'agencer correctement pour se transformer en un organisme vivant ?

Des mathématiciens ont mené des expériences sur des nombres aléatoires à l'aide de puissants ordinateurs. Ils les ont programmés pour calculer le temps nécessaire à l'apparition d'une combinaison de nombres similaire à celle qui a permis l'émergence de la vie. Les résultats sont édifiants : selon les lois de probabilité, ces ordinateurs devraient calculer pendant des milliards de milliards de milliards d'années avant qu'une telle combinaison ne se produise.

Le cosmologiste et astronome britannique Fred Hoyle réfute également fermement cette hypothèse : "Il n'y a pas la moindre preuve objective soutenant l'hypothèse selon laquelle la vie aurait commencé dans une soupe organique ici sur Terre." Pour illustrer son propos, il compare l'apparition d'une bactérie primordiale issue de la soupe prébiotique à l'improbabilité d'une tornade qui transformerait un amas de ferraille en un Boeing 747.

Au moins, les choses sont clairement énoncées ! Alors, comment s'est formée la première cellule ? Comment cette cellule a-t-elle acquis la capacité de croître et de se répliquer ? Quoi qu'en disent les scientifiques, nous n'en savons rien !

La seule certitude que nous avons est que la vie est apparue un jour sur Terre. Est-elle née ici ou vient-elle d'ailleurs ? Est-ce un phénomène universel ou rare ? À l'heure actuelle, nous n'avons pas de réponses. En d'autres termes, nous ne savons rien, n'en déplaise encore une fois, aux scientifiques et aux experts de tous horizons !

La complexité de la vie

La cellule est l'unité biologique fondamentale de tous les êtres vivants. Il existe des organismes unicellulaires, tels que les bactéries, qui ne sont constitués que d'une seule cellule, et des organismes multicellulaires, qui en contiennent un nombre plus ou moins élevé selon l'espèce. Notre propre corps, par exemple, en compte pas moins de cent mille milliards !

Les cellules possèdent la particularité de s'organiser, de se déplacer, de se reproduire et de se multiplier de façon totalement autonome. Selon certains scientifiques, l'apparition de la vie serait une étape inéluctable de l'évolution de la matière inanimée. Pourquoi pas, cependant, il ne s'agit que d'une simple hypothèse, sans qu'on nous fournisse la moindre explication quant au "comment" de cette transition.

Mais le questionnement ne s'arrête pas là : comment expliquer ensuite le fait que des milliers de molécules chimiques aient pu s'organiser de manière spontanée en systèmes infiniment complexes capables de mémoriser et de traiter l'information ? Ce processus est si complexe que la réponse est hors de portée.

La plus élémentaire des bactéries est constituée de plus de 2 000 protéines différentes, chacune étant elle-même constituée de structures plus petites appelées acides aminés. Il y a entre 500 et 1 000 acides aminés pour une simple protéine moyenne ! De plus, ces acides aminés doivent s'organiser et s'aligner dans un ordre extrêmement précis pour former une protéine.

La probabilité qu'une chaîne d'acides aminés se retrouve par hasard dans le bon ordre pour former une protéine est absolument improbable. Différents types de protéines assurent une multitude de fonctions au sein de la cellule vivante. La nature et la position des acides aminés dans la chaîne protéique sont codées par le code génétique. Une fois construite, la chaîne protéique se replie sur elle-même en une structure très précise qui lui confère des propriétés particulières et définit sa fonction dans tout organisme.

Comment peut-on imaginer qu'un processus totalement aléatoire relevant du hasard puisse conduire à la vie, dont la plus élémentaire protéine est déjà une usine d'une extraordinaire complexité ? Certains scientifiques minimisent et contournent ce problème insoluble en prétendant que la formation d'une protéine n'est qu'une simple réaction chimique, mais ce n'est pas en énonçant de telles banalités que le processus devient plausible.

Même en supposant que la première protéine se soit constituée par je ne sais quel miracle, il en aurait fallu des centaines d'autres, de natures et de structures différentes. Il aurait ensuite fallu que toutes ces protéines se soient regroupées dans le bon ordre, formant un assemblage d'une extraordinaire complexité pour produire un microscopique être vivant, constituant la plus petite des bactéries... Il est donc dérisoire d'imaginer que la complexité de la vie soit le fruit du simple hasard et de la sélection naturelle.

Il est important de souligner que le passage de l'inanimé au vivant n'a jamais été démontré, observé ou expérimenté. Toutes les expériences en ce sens ont échoué et ont contribué à réfuter encore plus cette hypothèse en mettant en évidence l'extrême complexité d'une telle occurrence.

Le biologiste britannique Richard Dawkins, conscient de cette impasse, souligne que la probabilité qu'un tel événement ait pu survenir est d'environ un sur un milliard de milliard de milliard. Autrement dit, égal à zéro !

La première étape du processus de la vie étant totalement impossible, le reste de la théorie s'effondre logiquement. Malgré cela, les partisans de l'évolution préfèrent éviter le débat sur cet aspect fondamental, sachant qu'ils sont incapables de fournir la moindre explication rationnelle. Malgré tout, ils s'obstinent à s'accrocher à leurs dogmes, n'ayant on s'en doute, aucune autre théorie acceptable à proposer en remplacement.

La question demeure donc : comment la vie est-elle apparue sur Terre ? Rien n'indique d'ailleurs qu'elle soit apparue sur Terre, elle aurait très bien pu être apportée de l'extérieur. Il existe de nombreux scénarios possibles, mais la question de savoir comment elle a pu apparaître à partir de rien reste entière.

À moins qu'il n'existe un Principe Créateur Intelligent derrière ce miracle du vivant... Connaîtra-t-on un jour la réponse ?

Quoi qu'il en soit, la Terre déborde de vie, mais malgré son incroyable biodiversité, tous les organismes ont un point commun : la cellule comme constituant de base, avec dans son noyau une mystérieuse molécule, l'ADN.

Le 25 avril 1953, le généticien américain James Watson et le biophysicien britannique Francis Crick décrivent pour la première fois la structure de l'acide désoxyribonucléique, abrégé ADN. Il s'agit d'une molécule en forme de double hélice enroulée autour du même axe. L'ADN est le support universel de l'information génétique présent dans tous les êtres vivants, c'est elle qui porte l'hérédité.

Les deux scientifiques venaient de franchir une nouvelle étape dans la compréhension du vivant, sans pour autant avoir découvert le secret de la vie. Cette découverte ouvrait de nouvelles perspectives, mais également de nouvelles interrogations.

Dans chacune des cellules qui composent un organisme, on retrouve la même molécule d'ADN. Cette molécule se présente sous forme d'une double hélice enroulée et repliée sur elle-même, avec des dimensions surprenantes : elle est à la fois microscopique, d'environ 2 nanomètres d'épaisseur, et une fois dépliée, extraordinairement longue, atteignant jusqu'à 2 mètres de long.

La double hélice d'ADN est constituée de deux brins enroulés l'un autour de l'autre. Chaque brin est formé d'une chaîne d'éléments appelés nucléotides. Ces nucléotides sont arrangés selon un code extrêmement précis et propre à chaque individu.

Ce code peut être découpé en fragments appelés gènes, et chaque gène renferme une information spécifique dépendant de sa séquence en nucléotides.

En résumé, la molécule d'ADN n'est rien d'autre que le plan détaillé du code génétique. Ce code contient l'intégralité de l'information génétique, appelée génome, qui permet la reproduction et le développement des êtres vivants.

En fait, l'ADN est tout simplement le programme biologique, ou plus exactement biotechnologique, du vivant. Et quelle technologie ! À volume égal, l'ADN renferme jusqu'à cent mille milliards de fois plus d'informations que la puce électronique actuelle la plus performante !

C'est précisément l'information contenue dans l'ADN qui fait toute la différence entre le vivant et l'inanimé.

Comment imaginer que l'ADN se soit autoconstruit ? Derrière l'ADN se cache un programme très élaboré, avec un but précis. Faut-il y voir une intention ou une intervention dans sa conception et sa réalisation ? Cette hypothèse n'est pas aussi fantaisiste qu'on pourrait l'imaginer et fait l'objet, depuis longtemps, de nombreuses spéculations, et pas uniquement de la part d'écrivains. Des biologistes s'interrogent aujourd'hui sur ce scénario, même si, pour l'instant, aucune preuve formelle ne permet de le valider.

Comment imaginer que cette molécule d'une immense complexité puisse être le fruit du hasard !

Selon Francis Crick, fondateur de la biologie moderne, "la chimie et les mathématiques montrent qu'il y a une chance sur 4x10^27 pour qu'un polymère apparaisse au sein d'une soupe d'atomes, soit 4 suivi de 27 zéros. Or, un ADN est un polymère approximativement 1 000 fois plus grand que le premier polymère pris en exemple.

Très grossièrement, on en déduit que la probabilité d'apparition des polymères constituant la membrane cellulaire avec un ADN à l'intérieur est donc de 10^27 000, soit un 1 suivi de 2 000 zéros. Cette probabilité n'a donc rigoureusement aucun sens."

Autrement dit, d'un point de vue statistique, il est totalement impossible que la première molécule d'ADN soit apparue par hasard.

Alors, comment et par quoi, ou par qui, cette molécule a-t-elle été conçue à l'origine ?

La seule certitude que nous avons est que l'ADN renferme un programme codé. Ce programme contrôle le processus de la vie et le conduit vers une fin déterminée, ce qui implique que la causalité de ce programme préexistait avant même le début du processus. Ce constat nous oblige à admettre que le monde du vivant a été programmé, sans que nous ne puissions rien connaître du Programmeur...

4 DE NOMBREUSES THEORIES

La théorie de l'évolution

Ce que les scientifiques appellent l'évolution englobe toutes les étapes du développement de l'univers, qu'elles soient cosmiques, biologiques ou humaines.

Les lois du vivant ont été définies selon un processus convenu selon lequel la vie ne serait qu'un produit de l'évolution de la nature inorganique, dont l'homme lui-même serait que le maillon final sur Terre.

Cette théorie est née au XIXe siècle, sans doute pour contrecarrer l'idéologie religieuse prédominante à l'époque. Les scientifiques avaient à cœur d'apporter une explication rationnelle et matérialiste des origines de la vie et de l'homme, considérant l'évolution comme un processus universel. La théorie de l'évolution s'est rapidement imposée dans la communauté scientifique, devenant ainsi "la version officielle".

Selon ce postulat, le monde du vivant s'est transformé au fil du temps et des générations. À partir de changements graduels, du simple est né le complexe. À partir de la plus petite particule initiale, l'évolution a généré les organismes vivants les plus élaborés.

Selon ce schéma, chaque espèce représente une branche d'un arbre englobant la totalité des êtres vivants, y compris notre propre espèce. Ainsi, deux populations d'espèces différentes sont susceptibles de produire une troisième espèce nouvelle. Le principe de l'évolution expliquerait la biodiversité sur notre planète, sans toutefois mettre en relief aucun "pont" entre les espèces.

La vie serait apparue, de manière encore incertaine, tout d'abord dans les océans. Il s'agissait initialement de traces de vie unicellulaire, puis des bactéries et des structures plus complexes ont fait leur apparition. L'évolution de la vie s'est progressivement accélérée, multipliée, et de nouvelles formes se sont enchaînées.

Des organismes avec un corps mou et sans squelette ont fait leur apparition. Quelques centaines de millions d'années plus tard, ce sont les premiers vertébrés qui ont colonisé les océans. Ensuite, les premières plantes, principalement des mousses et des lichens, sont apparues. Il a fallu attendre 410 millions d'années pour observer les premiers animaux, qui n'étaient en fait que des insectes. Puis, il y a environ 360 millions d'années, les premiers animaux ont quitté les océans pour se déplacer sur la terre ferme.

Les premiers dinosaures ont fait leur apparition, dominant progressivement la Terre pendant plus de 160 millions d'années avant de disparaître. À cette époque, tous les continents étaient encore réunis en un seul, appelé la Pangée. Vers 200 millions d'années, la masse continentale a commencé à se briser, les continents se séparant progressivement les uns des autres. C'est à cette époque que les mammifères sont apparus, d'abord de petite taille et caractérisés essentiellement par leur sang chaud. Ils se sont multipliés et répandus progressivement pour occuper toutes les niches écologiques.

Ensuite, ce furent les premiers primates, initialement de petite taille, qui ont évolué et se sont diversifiés. Quant à l'homme, selon la version officielle, sa séparation avec les grands singes africains remonte à environ 6 à 8 millions d'années.

Voici la chronologie de l'évolution selon la version officielle :
- 4 milliards d'années : apparition des procaryotes
- 3 milliards d'années : app. de la photosynthèse
- 2 milliards d'années : app. des eucaryotes
- 1 milliard d'années : app. de la vie multicellulaire
- 700 millions d'années : app. des mollusques
- 600 millions d'années : app. des animaux simples
- 570 millions d'années : app. des arthropodes
- 550 millions d'années : app. animaux complexes
- 500 millions d'années : poissons, proto-amphibiens
- 475 millions d'années : apparition plantes terrestres
- 400 millions d'années : app. insectes et graines
- 360 millions d'années : apparition des amphibiens
- 300 millions d'années : app. reptiles et dinosaures
- 200 millions d'années : app. premiers mammifères
- 160 millions d'années : début dérive des continents
- 150 millions d'années : apparition des oiseaux
- 80 millions d'années : apparition premiers primates
- 65 millions d'années : disparition des dinosaures
- 4 millions d'années : app. des australopithèques
- 3 millions d'années : début de l'utilisation des outils
- 2,8 millions d'années : apparition du genre Homo
- 2 millions d'années : apparition de l'Homo habilis
- 1,6 million d'années : apparition de l'Homo erectus
- 1,4 million d'années : disparition australopithèques
- 1,3 million d'années : disparition de l'Homo habilis
- 1 million d'années : expansion de l'Homo erectus
- 250 000 ans : disparition de l'Homo erectus
- 300 000 ans : apparition de Neandertal
- 200 000 ans : apparition de l'Homo sapiens

Cette chronologie, bien qu'elle soit largement acceptée, reste malgré tout une hypothèse.

De la religion à Darwin

Avant Darwin, pratiquement tout le monde était persuadé que tout ce qui existait avait été créé par Dieu. Au XVIIe siècle, James Ussher, archevêque d'Armagh et primat d'Irlande, publie un traité sur la chronologie des grands événements depuis l'origine du monde. Selon ses calculs, il fixe le jour de la création du monde au 23 octobre 4004 avant J.C. à midi précise... ! Je vous épargnerai les autres élucubrations qui suivent et qui sont toutes aussi incongrues.

Les scientifiques se doutaient que la Terre devait être beaucoup plus vieille que ce qu'affirmait l'église. Au XVIIIe siècle, Georges-Louis Buffon, naturaliste, mathématicien, biologiste et philosophe français, va révolutionner son époque en proposant une nouvelle chronologie de l'histoire de la Terre, ainsi que des théories sur l'apparition et l'évolution des premiers êtres vivants.

Sa vision était en totale opposition avec les dogmes de l'époque, et en particulier avec l'âge de 6 000 ans attribué à la Terre. Buffon suggérait tout d'abord qu'elle avait au moins 75 000 ans, puis 168 000 ans, et finalement au moins 10 millions d'années. Il était aussi persuadé que les êtres vivants avaient subi de nombreux changements depuis leurs origines.

Ses idées novatrices et anticonformistes allaient définitivement ouvrir une brèche dans ce qui était encore du domaine de la foi, et ses théories allaient durablement influencer les naturalistes, y compris Charles Darwin.

Les scientifiques allaient s'intéresser à l'étude des fossiles et s'interroger sur les liens entre les squelettes fossiles et les animaux vivants de nos jours. Pour Georges Cuvier, anatomiste et paléontologue français, l'affaire était entendue : il n'existait aucun lien. Selon lui, des extinctions majeures avaient bien eu lieu à cause de catastrophes naturelles, mais à chaque fois la terre avait été repeuplée par de nouvelles créations. En revanche, il prenait soin d'exclure l'homme de son schéma général.

Cuvier fut un ardent défenseur du fixisme, qu'il s'est employé à défendre par tous les moyens à sa disposition. Il s'opposa violemment au naturaliste Jean-Baptiste Lamarck, partisan du transformisme.

Lamarck était également convaincu que la Terre était très vieille, mais il pensait que du fait des changements incessants des conditions de vie, les espèces se transformaient pour s'adapter. Il était persuadé que les caractères acquis se transmettaient de génération en génération. Il pensait que les êtres vivants les plus simples apparaissaient par génération spontanée. Pour lui, la nature se chargeait de les créer, et ceux-ci se complexifiaient pour donner naissance à des formes plus élaborées après un processus extrêmement long.

Jean-Baptiste de Lamarck postulait que l'homme, à l'image de toutes les espèces, avait évolué de la même façon au cours du temps.

Aujourd'hui, créationnistes et évolutionnistes coexistent en paix, le scénario matérialiste s'oppose au scénario idéologique. En revanche, les partisans de théories alternatives n'ont pas vraiment droit au chapitre. Dès que l'un d'eux se manifeste de façon un peu trop invasive, les inquisiteurs s'agitent pour stopper l'intrus et éviter de mettre en danger le statu quo.

La Science, qui se veut une école de rigueur, s'érige en rempart contre toute atteinte à la pensée unique, dont elle a le monopole.

Cette stratégie semble cependant atteindre ses limites à l'heure où les moyens de communication s'affranchissent des filtres du passé. Étouffer toute remise en question devient un challenge de plus en plus difficile, et le sacro-saint dogme commence à se fissurer.

Il est fort probable que la vérité se trouve ailleurs. Si le discours d'une création divine repose uniquement sur la croyance, la théorie évolutionniste peut être sujette à un fondamentalisme similaire, étant donné que les invraisemblances qui la parsèment suscitent des interrogations légitimes.

Le darwinisme

Charles Darwin (1809-1882) est un naturaliste et paléontologue anglais. En 1859, il publie sa théorie intitulée "L'origine des espèces", qui bouleverse les idées de son époque. Darwin avance que toutes les espèces ont une origine commune, et il évoque le processus de la sélection naturelle et de l'adaptation pour expliquer cette diversification.

Selon lui, la rareté des ressources est à l'origine d'une lutte incessante pour l'existence, et la nature se charge de sélectionner les caractères les meilleurs et les plus adaptés, qui se transmettent ensuite de génération en génération. Ce processus répété à l'infini aurait conduit à l'apparition de nouvelles espèces. Ainsi, Darwin explique l'évolution et la biodiversité. Sa théorie est adoptée sous le nom de darwinisme.

En résumé, toutes les espèces voient leurs caractéristiques biologiques évoluer avec le temps et en fonction de leur environnement. Aucune espèce n'apparaît entièrement formée et définitive, mais elles procèdent toutes d'une longue chaîne évolutive.

Cette théorie permet d'expliquer l'évolution des espèces de manière purement mécanique, en éliminant toute notion de plan divin. Elle implique

que seul le hasard intervient, éliminant toute notion d'intention ou de finalité.

Darwin a émis l'idée que la vie aurait commencé avec un micro-organisme primitif, sans toutefois proposer d'explication sur son apparition. Toute sa théorie repose sur l'évolution progressive et la diversification de cet organisme primitif initial.

Cette théorie de transformation et de diversification des espèces dans leur milieu naturel a prospéré et influencé durablement la science, pour finalement faire consensus. Aujourd'hui, le darwinisme demeure largement accepté dans ses grandes lignes et s'adapte au fur et à mesure des nouvelles découvertes scientifiques, malgré l'existence de nombreuses failles et lacunes.

L'une de ces failles, non négligeable, est la suivante : si l'on admet logiquement que l'évolution s'est déroulée lentement et progressivement, nous devrions être en mesure de découvrir toutes les formes intermédiaires de la chaîne évolutive. Cependant, nous savons que ce n'est pas le cas, malgré nos efforts de recherche. Cette absence constitue donc un mystère pour les défenseurs du darwinisme et explique pourquoi certains scientifiques envisagent d'autres pistes pour expliquer cette anomalie.

Le néodarwinisme

La théorie de l'évolution des espèces, selon Darwin, ne démontrait pas le mécanisme de l'hérédité. C'est en 1866 que Johann Gregor Mendel, un moine botaniste autrichien, explique pour la première fois la transmission des caractères héréditaires. Les "lois de Mendel" définissent la manière dont les gènes se transmettent de génération en génération.

Cependant, c'est à partir de 1930 que la synthèse de la théorie de l'évolution va réellement s'élaborer, notamment grâce aux avancées en biologie et en géologie. Theodosius Dobjansky, un naturaliste, biologiste et généticien russe, devient l'un des principaux promoteurs d'une nouvelle théorie, appelée "théorie synthétique de l'évolution", que le biologiste britannique Julian Huxley qualifie de "néodarwinisme" pour souligner le fait qu'elle étend la théorie originale de Charles Darwin.

Cette théorie est aujourd'hui largement acceptée par la communauté scientifique. Elle explique les ressemblances entre les espèces par l'existence de liens généalogiques, c'est-à-dire que les organismes se ressemblent parce qu'ils partagent des caractères hérités d'un ancêtre commun.

Tous les êtres vivants sur Terre fonctionnent selon les mêmes bases moléculaires et utilisent le même code génétique. Les différences entre les espèces et les variations entre les individus d'une même espèce sont principalement dues à des différences dans la séquence des gènes et la structure des chromosomes.

Malgré des apparences extérieures très différentes, les espèces d'un même groupe partagent un plan d'organisation et des organes similaires. Par exemple, chez les mammifères, tous les membres ont la même organisation, même s'ils ont une forme différente.

Les fossiles témoignent de certaines formes intermédiaires et permettent de mettre en évidence le phénomène d'évolution.

L'environnement joue un rôle dans l'évolution des espèces, car l'espèce qui survit est généralement celle qui est la mieux adaptée à son environnement.

Les mécanismes de l'évolution supposent que tous les individus d'une même espèce évoluent simultanément.

Les mutations, qui surviennent toujours de manière aléatoire, sont le plus souvent létales, mais il peut arriver qu'elles soient bénéfiques (ce qui reste à prouver). Cependant, étant donné que les mutations affectent des millions d'individus sur des milliers de générations, le facteur chance est multiplié à chaque occurrence aléatoire. C'est le phénomène de sélection naturelle mis en évidence par Darwin. Les individus bénéficiant de mutations favorables ont un avantage et surpassent les autres. Au fil des générations, la sélection naturelle favorise donc les mutations bénéfiques et les populations s'améliorent progressivement.

Cependant, le débat n'est pas clos et porte principalement sur le rôle du hasard dans ce processus. Certains scientifiques penchent pour une théorie adaptative de l'évolution, selon laquelle la pression de la sélection naturelle est la principale force agissant dans l'évolution des espèces, le hasard ne jouant qu'un rôle très marginal.

Le néo lamarckisme

C'est un mouvement qui apparaît vers la fin du XIXe siècle et qui reprend la théorie du naturaliste français Jean-Baptiste de Lamarck. Le néo-lamarckisme connaît à ce moment-là un renouveau dans la communauté scientifique à la suite de découvertes dans les domaines de la microbiologie et de la biologie moléculaire. Ces découvertes remettent sérieusement en question les dogmes de la théorie de l'évolution et du néodarwinisme.

Selon le néodarwinisme, seule l'information génétique est transmise aux descendants, portée par les chromosomes de la lignée germinale. Cependant, des études ont mis en lumière des formes d'hérédité qui contredisent ces lois. Ce nouveau paramètre relance le débat sur la possibilité de l'intervention de l'environnement sur l'hérédité.

Les éléments qui invalident la théorie de l'évolution

Comme nous l'avons vu, l'évolutionnisme repose sur l'idée que tous les êtres vivants ont subi d'innombrables mutations naturelles successives avant de parvenir à leur forme actuelle. Selon Charles Darwin, "Depuis la création, plus rien ne se crée, et toute nouvelle espèce ne peut être qu'issue d'une autre espèce existante". Il était persuadé que tôt ou tard, les fossiles des chaînons manquants seraient découverts... Mais au grand désespoir des évolutionnistes, les milliers de fossiles exhumés depuis bientôt deux siècles ne montrent absolument aucune évolution notable résultant de mutations. Les chaînons manquants entre les espèces n'ont jamais été mis à jour !

On a découvert des insectes et des plantes datant de quelques 100 millions d'années, emprisonnés dans de l'ambre fossile, qui sont en tous points identiques à leurs espèces contemporaines.

Que dire du Cœlacanthe qui n'a pas évolué depuis 360 millions d'années, de la salamandre géante de Chine qui est restée la même depuis 160 millions d'années, du scorpion qui n'a pas changé depuis 400 millions d'années, ainsi que de la lamproie, des limules, des méduses, du nautile, du sphénodon, des éponges, etc., qui sont tous restés identiques depuis leurs origines !

Aucun changement notable n'a été découvert entre les premiers et les derniers représentants survivants de la préhistoire.

Il est indéniable que les espèces n'ont pratiquement pas changé depuis leurs origines, au mieux elles se sont adaptées aux changements d'habitat ou de climat au fil du temps. Tout se passe comme si tous les organismes étaient apparus soudainement dans leur forme actuelle, sans aucun intermédiaire.

Cette absence de maillons intermédiaires perturbe grandement les paléontologues, et certains ont même été discrédités dans le passé en allant jusqu'à fabriquer des faux grossiers pour soutenir le schéma de l'évolution.

La biologie moléculaire contredit également l'hypothèse de l'évolution. Cette discipline vise à comprendre les mécanismes de fonctionnement de la cellule au niveau moléculaire. Elle exclut totalement l'hypothèse de mutations accidentelles ainsi que les formes intermédiaires requises par la théorie de l'évolution. Les mutations sont très accidentelles et en général toujours défavorables. Les changements positifs sont extrêmement rares et toujours minimes. De plus, ils disparaissent rapidement dans les générations suivantes.

La formation d'une nouvelle espèce issue d'une espèce différente impliquerait une modification de la composition de l'ADN au niveau des gènes, voire du nombre de paires de chromosomes, ce qui est totalement impossible sans une intervention génétique extérieure.

Il est clairement démontré qu'une espèce ne peut donner naissance qu'à des races et des variétés différentes, mais en aucun cas à de nouvelles espèces.

Le professeur et généticien polonais Maciej Giertych, membre de l'Académie des sciences, a déclaré sans ambiguïté que la théorie de l'évolution n'existe que pour des raisons purement idéologiques. Selon lui, aucune mutation positive n'a jamais été observée dans la nature, et les erreurs génétiques se corrigent d'elles-mêmes. Les dérives génétiques minimes qui existent ne produisent que des variations de races différentes, mais jamais de nouvelles espèces. Il précise que pour produire de nouvelles espèces, il faudrait de nouveaux gènes, qui ne peuvent en aucun cas être produits naturellement. Selon lui, tous les organismes sont nés complexes, y compris les végétaux et les animaux. Il conclut en affirmant que l'évolutionnisme n'est pas une science, mais une simple spéculation...

Ce point de vue est confirmé par Roberto Fondi, paléontologue italien et professeur à l'université de Sienne. Selon lui, il n'existe aucun lien entre chaque espèce, et aucune mutation n'a jamais donné naissance à une espèce nouvelle. C'est aussi la raison pour laquelle aucun fossile intermédiaire entre deux espèces n'a jamais été découvert.

Il est logique que si une hypothèse n'est pas confirmée par l'observation et des faits avérés, elle doit être remise en question et il est nécessaire de passer à autre chose, ce qui est le cas pour la théorie de l'évolution.

Comment la science peut-elle progresser si elle n'accepte pas que certaines hypothèses puissent se révéler fausses ? En s'obstinant trop, on ne peut plus parler d'hypothèse mais de croyance.

Tant qu'il n'y aura pas de véritable débat public sur le sujet, les partisans du darwinisme conserveront leurs prérogatives. Ils le savent bien et s'emploient par tous les moyens à repousser cette échéance. Ils savent également que leurs arguments ne tiennent pas, que leur discours est fragile. Pourtant, ils se considèrent comme les seuls arbitres d'une théorie qui s'impose sans avoir besoin de faits. Les théories orthodoxes font référence au-delà de toute objectivité.

Malheureusement, l'objectivité est souvent absente du milieu scientifique.

Heureusement, il existe des scientifiques courageux qui osent affronter les répercussions de l'establishment, comme Maciej Giertych, Roberto Fondi, le biochimiste britannico-australien John Michael Denton, auteur du livre "Evolution : une théorie en crise", et le professeur de biologie moléculaire Michael J. Behe, auteur de "Darwin's Black Box".

Tous confirment qu'aucune recherche n'a jamais permis de mettre en évidence une quelconque transition entre les espèces. Au contraire, les espèces ont des frontières génétiques très marquées et peu de choses les relient entre elles.

Le paléontologue et biologiste de l'évolution britannique Henry Gee, rédacteur en chef de la revue scientifique "Nature", a déclaré dans un livre publié en 1999 que la théorie de l'évolution humaine a été créée de toutes pièces pour combler un vide et proposer un modèle acceptable.

En juillet 2011, la revue spécialisée en génétique et génomique "Nature Reviews Genetics" a publié un article expliquant qu'il était temps de sortir du cadre dépassé dans lequel était enfermée la théorie de l'évolution.

Au fur et à mesure des découvertes et des publications, l'édifice des évolutionnistes s'effondre lentement. Les plus réalistes commencent à admettre que la belle histoire qui leur a été enseignée n'a aucun avenir et doit sortir de son cadre ou être abandonnée.

Si la théorie de l'évolution est dans une impasse, une question fondamentale demeure : qu'est-ce qui est à l'origine de l'apparition d'un si grand nombre d'espèces dans un laps de temps aussi court ?

Le Créationnisme

Comme nous l'avons vu, le darwinisme a échoué à rendre compte de l'origine de la vie, de sa complexité et de la multiplication des espèces. Face à l'absence de preuves, on se contente d'affirmer, mais cette pratique discutable rencontre de plus en plus d'opposants, y compris au niveau scientifique. Il était donc logique que de nombreux opposants, dont beaucoup de scientifiques, se tournent vers d'autres théories. Parmi ceux-là, les créationnistes occupent une place importante.

En réalité, il conviendrait de parler plus précisément de courants créationnistes, car le créationnisme présente une grande diversité d'idées. Généralement, lorsque l'on parle de créationnisme, la première interprétation qui vient à l'esprit est celle liée à la religion, c'est-à-dire la doctrine selon laquelle Dieu serait à l'origine de tout, depuis la création de l'univers et de tout ce qu'il contient, jusqu'à l'apparition de la vie sur Terre.

Pendant des siècles, la grande majorité des croyants a adopté une lecture fondamentaliste des textes, sans chercher à les comprendre ou à les interpréter. Aujourd'hui, les théistes partisans du créationnisme se divisent en deux tendances : les créationnistes "Jeune-Terre" et les créationnistes "Vieille-Terre".

Les créationnistes version "Jeune-Terre" sont rigoureux, voire intégristes, et interprètent les livres religieux comme s'il s'agissait de livres scientifiques. Selon eux, ces textes ont été dictés par Dieu, et il convient donc de les interpréter littéralement. Pour eux, l'origine de l'univers telle que rapportée dans la Genèse n'est pas discutable, il s'agit d'une vérité définitive. Ils sont convaincus que Dieu a créé la Terre et tous les êtres vivants en l'espace de six jours, il y a environ 6 000 ans. Ils soutiennent ce que l'on appelle le fixisme, c'est-à-dire l'hypothèse selon laquelle les espèces, y compris les êtres humains, n'ont jamais subi d'évolution. Ils soulignent que la complexité et la diversité des espèces étaient optimales au moment de la Création initiale et qu'elles ont décliné par la suite. Ils mettent en avant le fait que les mutations éliminent toujours de l'information du code génétique sans jamais en ajouter, et que le temps ne contribue jamais à la diversification ou à la complexification des espèces. Au contraire, les espèces disparaissent avec le temps, sans qu'aucune nouvelle n'apparaisse.

Ils considèrent que l'univers est soumis à la dévolution, c'est-à-dire que le temps cause plus de destruction que de construction et entraîne le vivant vers la mort. De nos jours, les partisans de cette vision intégriste sont très minoritaires.

Les créationnistes "Vieille Terre" sont moins fondamentalistes. Ils ont abandonné la lecture fondamentaliste des textes au profit d'une lecture herméneutique plus en harmonie avec les idées actuelles. Ils reconnaissent l'ancienneté de l'univers et de la Terre. Ils admettent la transformation des espèces au cours de l'histoire géologique. Pour eux, la création de l'univers par Dieu n'est pas incompatible avec la théorie de l'évolution. Ils considèrent que la création est avant tout la relation entre les créatures et leur Créateur. Ils reconnaissent que la Bible n'est pas un livre de science, mais un livre théologique inspiré par Dieu. Si le croyant y trouve les réponses nécessaires à son salut, il n'y cherche plus de réponses scientifiques à ses questions existentielles.

Cependant, de nos jours, le créationnisme n'est plus seulement une question de foi en Dieu, et d'autres théories "créationnistes" s'en éloignent. Parmi celles-ci, on peut citer le téléfinalisme. Ce courant de pensée a regroupé de nombreux partisans dès la fin du XIXe siècle, parmi lesquels le philosophe et historien Ernest Renan (1823-1892), le médecin biologiste Pierre Lecomte de Noüy (1883-1947), le chercheur, théologien et philosophe Pierre Teilhard de Chardin (1881-1955), le zoologiste Albert Vandel (1894-1980), pour n'en citer que quelques-uns.

Dans leur théorie, ils évoquent le pouvoir d'intention attribué à la matière vivante. Ils excluent la notion de hasard et de sélection naturelle dans l'évolution du vivant et la remplacent par une force organisatrice qui, selon eux, conduit inéluctablement vers un but ultime, qui est l'esprit et la conscience. Pour certains, la science reste prépondérante, tandis que pour d'autres, elle n'est qu'un tremplin vers un aspect plus métaphysique. Cependant, tous considèrent l'évolution comme une progression systématique vers le spirituel.

Un autre courant créationniste fait appel à ce que l'on nomme le "dessein intelligent". Ces partisans sont majoritairement déistes, c'est-à-dire qu'ils pensent qu'il existe une cause intelligente derrière le monde vivant, mais qui n'a cependant rien à voir avec le "Dieu" des religions. Pour eux aussi, l'origine de la vie ne doit rien au hasard, mais émane d'une cause première non spécifiée. À leurs yeux, aucune autre explication ne peut justifier l'extrême complexité et sophistication du vivant. Bien que cette théorie relève davantage du domaine philosophique que du domaine scientifique, la vie s'expliquerait mieux par une cause intelligente que par n'importe quel processus non dirigé, tel que la sélection naturelle ou le simple hasard. Cependant, en général, ils ne prétendent pas identifier la source de cette intelligence.

Les partisans du dessein intelligent s'intéressent particulièrement à l'origine biologique de la vie. Ils rejettent le mécanisme de mutation aléatoire et de sélection naturelle pour expliquer l'apparition de nouvelles espèces, même s'ils reconnaissent que l'existence d'un ancêtre commun n'est pas exclue. Ils ne contestent pas non plus que le Big Bang soit à l'origine de l'univers.

Le programmisme

Le programmisme est une branche marginale et moins connue du créationnisme. Cette théorie a été popularisée par le Français Pierre Rabisvhong, docteur agrégé en médecine, biologiste, anthropologue et doyen honoraire de la Faculté de médecine de Montpellier. Selon lui, il existerait une mystérieuse information codée dans l'univers qui expliquerait le processus d'évolution. Ce postulat implique également l'existence d'une intelligence supérieure à l'origine de ce programme. Cependant, Rabisvhong ne parvient pas à identifier cette intelligence, qui, selon lui, préexistait avant l'homme et serait à l'origine de son existence.

Pour Pierre Rabisvhong, il n'y a pas d'hésitation entre la biogenèse spontanée et la biogenèse dirigée. Selon lui, le système vivant ne s'est pas auto-construit, mais a été initié. La grande complexité du programme du vivant suggère qu'il n'a pas pu émerger seul et par hasard, mais a nécessité un acte d'initiation. Cette complexité a permis le développement de la spectaculaire biodiversité que nous connaissons.

Selon cette vision, il doit nécessairement exister un programme intelligent à l'origine de cette prouesse extraordinaire. L'idée d'un programme intelligent implique également l'existence d'un concepteur. La filiation des espèces, qui auraient évolué par des mutations de la bactérie à l'homme, ne peut s'expliquer autrement selon le programmisme.

La panspermie

Il s'agit d'un autre courant créationniste qui compte de nombreux partisans. La panspermie n'est pas une nouvelle théorie, contrairement à ce que l'on pourrait penser, puisqu'elle remonte au Ve siècle avant notre ère.

Selon cette théorie, la vie sur Terre aurait été introduite par le biais d'une contamination provenant de l'espace. Des germes de vie auraient été transportés lors de voyages interstellaires de comètes et d'astéroïdes. Un certain nombre de scientifiques renommés ont défendu et défendent encore cette théorie, et bien qu'elle soit controversée, elle reste une hypothèse tout à fait plausible.

Si l'on considère que la vie n'est pas apparue spontanément sur Terre, il est pargaitement envisageable qu'elle soit arrivée de l'espace. Des micro-organismes ou des entités prébiotiques auraient pu voyager jusqu'à la Terre où elles se seraient développées. De nombreuses observations et études confirment d'ailleurs que des germes extraterrestres pourraient être à l'origine de la biosphère terrestre.

Si la vie est effectivement répandue dans l'univers, comme on le pense aujourd'hui, on peut imaginer que des cellules vivantes suffisamment résistantes aient pu survivre à un voyage interplanétaire et se disperser ensuite sur la Terre. Un article publié en 2012 dans la revue scientifique "ChemPlusChem" va dans ce sens, affirmant que "les comètes pourraient renfermer des molécules constituant la matière génétique primitive", précisant que "les briques élémentaires de la vie ne sont pas apparues sur Terre, mais dans l'espace".

Récemment, des chercheurs de l'Université de Harvard ont rapporté une preuve en découvrant une molécule de protéine complète dans une météorite, qui, après des examens et des analyses approfondies, s'est avérée être d'origine extraterrestre. Les nombreuses météorites qui ont bombardé la Terre depuis ses débuts pourraient donc très bien avoir disséminé la vie.

La théorie de la panspermie dirigée est une variante de la précédente. Ses partisans rejettent également l'idée que la vie soit apparue sur Terre de manière spontanée et aléatoire, dans une hypothétique "soupe primitive". Selon cette théorie, la vie sur Terre proviendrait bien de l'espace, à la différence près qu'elle aurait été "importée" volontairement par une civilisation extraterrestre très avancée et étrangère à notre planète.

Une telle civilisation aurait soit envoyé des sondes automatiques porteuses de germes de vie dans l'espace, soit sélectionné directement les planètes à ensemencer avant de procéder à l'opération. Le scientifique et astronome américain Carl Sagan a adhéré à cette idée, il pense en effet, que la vie sur notre planète a pu être délibérément ensemencée par une ou plusieurs civilisations extraterrestres par le biais de la panspermie dirigée.

Il est inutile de spéculer sur les motivations de nos "créateurs" pour agir de la sorte, car nous n'avons pas la capacité de le savoir. On peut imaginer que l'objectif de la panspermie dirigée serait simplement un acte naturel visant à préserver et à répandre la vie dans l'univers. Peut-être agironsnous de la même manière dans un avenir plus ou moins lointain, afin de perpétuer la vie et notre espèce dans l'univers.

Le déterminisme

Nous conclurons notre tour d'horizon des hypothèses créationnistes par celle des partisans du "déterminisme". Il ne s’agit pas d’une science, mais d’une idée philosophique qui se base sur le principe de causalité selon lequel chaque événement est déterminé par des événements passés conformément aux lois de la nature.

Pour les partisans du déterminisme, la question est de savoir si la vie répond à une logique déterministe, c'est-à-dire si elle est probable plutôt que le résultat d'événements aléatoires très improbables. Ils partent du constat que la vie sur notre planète est extrêmement diversifiée et complexe, ce qui leur semble inconcevable comme une particularité restreinte à notre insignifiante planète à l'échelle de l'univers.

Certains scientifiques avancent que de récentes découvertes en biologie pourraient remettre en question, du moins partiellement, les théories créationnistes, en suggérant que le vivant ne semble pas dépendre d'un programme génétique quelconque. Paradoxalement, le hasard semble jouer un rôle dans le fonctionnement des gènes et des cellules. Si cette voie était confirmée, cela entraînerait des bouleversements profonds dans les conceptions philosophiques et religieuses de la vie, tout en ouvrant la porte à une nouvelle question : comment la vie peut-elle émerger à partir du simple hasard moléculaire ?

Les partisans du courant déterministe rappellent que tout phénomène obéit à une causalité nécessaire.

Il est important de souligner que toute théorie, même si elle est tenue en très haute estime, ne doit pas rester figée si de nouvelles découvertes viennent la remettre en question. À l'heure actuelle, aucune des théories avancées, qu'elles soient évolutionnistes ou créationnistes, ne fait l'unanimité ou ne présente les caractéristiques d'une avancée significative vers la Vérité.

5 L'HOMME

L'homme à l'échelle de l'univers

L'homme moderne n'existe que depuis quelques secondes à l'échelle de l'univers, il est insignifiant. Alors pourquoi cette prétention à vouloir être les seuls et les premiers?

Dans son livre "Les Dragons de l'Eden", l'astrophysicien Carl Sagan a utilisé une analogie très imagée pour nous donner une idée des différents âges cosmiques à travers un calendrier qui résume l'histoire de l'univers en une seule année.

Supposons que le Big Bang ait eu lieu le 1er janvier à 0 heure, et que notre présent actuel se situe le 31 décembre à minuit. La durée réelle de cette année serait le condensé des 13,8 milliards d'années qui se sont écoulées depuis l'origine de l'univers.

En conséquence, chaque jour de ce calendrier ne représente pas moins de 37,8 millions d'années, chaque heure 1,6 million d'années, chaque minute 26 000 ans et chaque seconde 438 ans...

Ainsi:

- 1er janvier : Naissance de l'univers
- Le 2ème jour, les premières étoiles apparaissent
- Environ 10 jours plus tard, les premières galaxies se forment

- Il faut attendre les tout premiers jours de septembre pour que notre propre système solaire fasse son apparition, avec la Terre bien sûr
- Le 9 septembre, apparaissent les premiers organismes monocellulaires assimilés à des traces de vie
- Début novembre, les premiers êtres pluricellulaires font leur apparition
- Mi-décembre, a lieu l'explosion cambrienne avec l'apparition de la plupart des grands embranchements actuels de métazoaires, ainsi qu'une grande diversification des espèces animales, végétales et bactériennes
- Le 17 décembre, apparaissent les arthropodes
- Le 18 décembre, c'est au tour des poissons
- Le 20 décembre, les plantes commencent à se développer
- Le 21 décembre, naissent les premiers insectes
- Le 22 décembre, naissance des amphibiens
- Le 23 décembre, les premiers reptiles voient le jour
- Le 25 décembre, apparition des dinosaures qui vont dominer la Terre pour quelques jours seulement
- Il faut attendre le 26 décembre pour voir enfin apparaître les premiers mammifères
- Le 27 décembre, c'est au tour des oiseaux
- Le 29 décembre, les premières fleurs
- Le 30 décembre au matin, la chute d'un énorme astéroïde va entraîner la disparition des dinosaures. Ce même jour, apparaissent les premiers primates.
- L'homme est toujours absent de ce calendrier, il faut attendre le début d'après-midi du 31 décembre pour qu'enfin notre lointain ancêtre fasse son apparition.
- Homo erectus naît le 31 décembre vers 22h55. Et ce n'est que 12 minutes avant minuit que l'homme moderne daigne faire son apparition.
- 13 secondes avant minuit, il découvre l'écriture et la fonte des métaux.
- Les dix dernières secondes seulement correspondent à notre histoire...
- A 23h59mn51s, c'est le début du Nouvel Empire en Égypte.
- A 23h59mn55s, naissance du christianisme.

- 4 secondes avant minuit, Charlemagne est sacré empereur.
- 2 secondes avant minuit, Christophe Colomb découvre l'Amérique.
- Au cours de la dernière seconde, se déroulent deux guerres mondiales et l'homme marche sur la Lune.
-

À l'échelle de ce calendrier, une vie humaine représente entre un cinquième et un sixième de seconde... Alors, restons humble!

L'homme, un être à part dans la création

Si l'on en croit la version officielle, notre espèce serait apparue il y a 200 000 à 300 000 ans, sans qu'aucun processus évolutif soit clairement établi. Comment avons-nous pu acquérir notre bagage génétique si particulier en si peu de temps ?

S'il est un fait incontestable, c'est que l'homme est un être unique, nettement différent de toute autre espèce, et pas seulement parce qu'il est le seul à pouvoir se déplacer sur ses deux membres inférieurs.

Il est à la fois corps et esprit, le plus complexe, le plus évolué, le plus intelligent. Il est le seul à pouvoir développer des capacités de réflexion et à être doué de raison.

Alors que les animaux sont dominés par leur instinct, l'homme est capable de programmer son comportement, de se fixer des objectifs et de se donner les moyens de les atteindre.

L'homme est doté d'un sens moral et d'un libre-arbitre.

Mais sa différence la plus importante avec tous les autres êtres vivants est sans doute le fait d'être conscient. La conscience le place au-dessus des autres en lui offrant la capacité de penser et d'être conscient de sa propre existence.

Une question légitime se pose : pourquoi aucune autre espèce dotée d'une intelligence supérieure n'a émergé ? On n'a jamais observé de tendance évolutive poussant les animaux à devenir plus intelligents.

Quelle est donc l'origine de notre patrimoine génétique si particulier qui fait que nous sommes ce que nous sommes ? Comment avons-nous acquis un tel bagage en si peu de temps ?

Nous sommes le produit de quelque chose qui nous dépasse, et pour l'instant, la science est incapable de l'expliquer.

Les caractéristiques propres à notre espèce ne sont pas le fruit d'une lente évolution, elles préexistaient dès le départ. Ces faits sont étayés par des études scientifiques récentes.

En d'autres termes, l'homme n'est pas le fruit du hasard, et il ne suit pas le schéma classique de l'évolution. Au contraire, des éléments suggèrent que notre espèce est apparue sans qu'aucun processus évolutif n'en soit à l'origine.

Il est plus plausible que nous soyons le produit d'une création intelligente plutôt que le fruit d'une évolution aléatoire.

Il semble probable qu'une force, une composante ou une intervention quelconque, inconnue de la science, soit responsable de la précision des mutations qui ont fait de nous ce que nous sommes aujourd'hui. La grande question est : quelle est la nature et l'origine de cette force ou de cette intervention ?

Serons-nous un jour capables de connaître la véritable raison de notre existence ?

En attendant, nous devons prendre conscience que nous ne sommes pas ce que l'on nous a enseigné que nous sommes !

Le chaînon manquant, un fantasme tenace

Darwin croyait fermement qu'un jour il serait possible de reconstituer l'arbre généalogique de tous nos ancêtres. Pourtant, à ce jour, cela n'est pas le cas. L'illustration bien connue qui représente l'évolution naturelle, d'un primate simiesque à l'homme, reste purement spéculative et ne repose sur aucune base scientifique définitive.

Malgré les efforts déployés depuis Charles Darwin, nous avons cherché sans relâche notre ancêtre commun, une sorte de grand singe qui aurait vécu il y a 8 ou 10 millions d'années en Afrique... Les journalistes publient régulièrement des gros titres accrocheurs du type : "Le chaînon manquant enfin découvert !", mais rien n'y fait, ce fameux chaînon n'existe toujours pas...

Finalement, devrons-nous admettre que ce chaînon tant attendu ne sera jamais découvert, tout simplement parce qu'il n'a jamais existé ?

Les scientifiques nous expliquent qu'il a fallu des centaines de millions d'années entre l'apparition des premiers animaux simples et celle des primates. Alors comment expliquer que l'Australopithèque se soit transformé en l'homme moderne que nous connaissons en moins de quatre millions d'années ? Aurions-nous bénéficié de conditions exceptionnellement favorables ?

De plus en plus de personnes estiment que le scénario de l'évolution de l'homme ne tient pas. La littérature abondante sur le sujet reflète les divergences de points de vue, y compris parmi les évolutionnistes eux-mêmes.

Il semble que le fossé entre le singe et l'homme ne soit pas sur le point d'être comblé.

En réalité, l'homme moderne tel que nous le connaissons semble être apparu soudainement il y a environ 200 000 ans, voire 300 000 ans, sans que l'on sache comment.

Les primates que l'on présente comme les ancêtres de l'homme ne le sont pas réellement. Ils représentent simplement des branches différentes, dont certaines ont parfois coexisté avec Homo sapiens.

Les datations des nombreux ossements fossiles découverts pour chaque espèce de primate démontrent qu'il n'y a pas de chronologie rationnelle entre eux. L'anthropologue Louis Leakey a personnellement découvert en Tanzanie, sur un même site et dans la même couche géologique, des ossements d'Australopithèques, d'Homo habilis et d'Homo erectus !

Dans les années 1930, cet anthropologue a également découvert au Kenya plusieurs ossements fossiles remontant à un million d'années, qui ne différaient que peu, voire pas du tout, de ceux de l'homme moderne. Les évolutionnistes ont alors arbitrairement décidé que ces ossements ne pouvaient pas appartenir à Homo sapiens, puisque, officiellement, il n'existait pas à cette époque. Ils ont donc créé une nouvelle espèce qu'ils ont baptisée "Homo antecessor"... Il est plus facile de manipuler les faits dérangeants que de remettre en question ses propres croyances. Néanmoins, la spéculation ne constitue pas une démonstration, et la valeur scientifique de telles allégations est proche de zéro.

Entre grossières erreurs, interprétations tendancieuses et hypothèses farfelues, les évolutionnistes ont bien du mal à se maintenir sur la bonne voie et à sauver la face.

Les découvertes paléontologiques, observées, analysées et datées de manière objective, démontrent clairement que notre existence en tant qu'Homo sapiens remonte très loin dans le temps.

L'idée selon laquelle "l'homme moderne" est présent sur Terre depuis au moins un million d'années est maintenant acceptée par les esprits éclairés.

Bien que classé comme évolutionniste, le paléontologue Stephen Jay Gould a reconnu que l'arbre généalogique de l'homme ne tient pas compte des découvertes les plus récentes.

Charles Oxnard, ancien chercheur et professeur d'anatomie, d'anthropologie et de biologie évolutive, place le genre Homo, auquel nous appartenons, dans un passé beaucoup plus lointain que ce que la théorie évolutionniste officielle admet. Il n'hésite pas à affirmer, sur la base de ses propres recherches, que les australopithèques ne sont aucunement apparentés aux humains. Évidemment, les conclusions d'Oxnard ont été et continuent d'être vivement critiquées par les partisans du dogme officiel.

En réalité, il n'a jamais été prouvé que l'un des grands groupes d'hominidés présentés comme les ancêtres de l'homme moderne le soit réellement. En revanche, il est clairement démontré qu'ils ont coexisté pour certains, sur de longues périodes, et qu'il n'existe aucune tendance ni caractéristiques évolutives distinctes pour chacun d'entre eux.

À moins de fournir des preuves contraires, il apparaît que la lignée humaine ne consiste pas en l'évolution d'une espèce vers une autre, comme on l'enseigne encore de nos jours, puisque ces espèces ont vécu en parallèle, à la même époque et au même endroit.

La découverte d'un fossile au Tchad en 2002 perturbe encore davantage les données et contribue à remettre en question le schéma évolutionniste. Il s'agit d'un crâne dont les analyses ont révélé qu'il aurait 7 millions d'années, et sa structure est indubitablement plus proche de celle d'un crâne humain moderne que de celle d'un grand singe quelconque...

Si l'apparition de l'homme ne s'inscrit pas dans le schéma classique de l'évolution, nous devons donc envisager une autre alternative.

Le point de vue de la génétique

Aujourd'hui, le génome des grands singes ayant été décrypté, les généticiens peuvent approfondir leur filiation avec l'Homme. L'idée étant de mettre en relief quand et comment les humains ont acquis leurs caractéristiques propres.

Pour l'instant, les seules données acquises concernent la comparaison entre les génomes de nos plus proches "cousins", les chimpanzés et les bonobos, avec celui de l'Homme. Le bonobo partage génétiquement 98,7 % de notre espèce, tandis que le chimpanzé en partage 96 %...

Outre le nombre de gènes qui séparent l'homme du chimpanzé, il existe d'autres différences significatives, notamment au niveau du nombre de chromosomes. Le chimpanzé en possède 48 et l'homme 46, rendant impossible toute parenté génétique naturelle entre les deux espèces.

La comparaison des génomes avec ceux de nos cousins chimpanzés et bonobos indique que notre espèce aurait divergé il y a environ 5 à 8 millions d'années, sans toutefois déterminer quel a été notre ancêtre commun.

Si cet ancêtre a existé et a été le point de départ des trois espèces encore en vie (hommes, chimpanzés et bonobos), la science ne peut expliquer comment notre espèce, avec ses caractéristiques si particulières, a pu émerger. On pourrait même se demander par quel "miracle" cela s'est-il produit ?

Cette question n'a sans doute pas effleuré une équipe de chercheurs de l'Université de Wayne aux États-Unis qui, en 2003, a proposé de modifier la classification actuelle pour intégrer les chimpanzés dans le genre Homo... On marche sur la tête !

Il est également vrai que l'homme partage 70 % de ses gènes codants avec l'oursin, mais cela ne signifie pas pour autant que nous sommes cousins... Pourquoi cette obstination du monde scientifique à vouloir à tout prix "arranger" les faits pour qu'ils collent à leur dogme ?

Quoi que puissent dire les scientifiques, selon nos connaissances actuelles, il est impossible d'établir une généalogie précise de l'homme et de le rattacher de quelque manière que ce soit à un quadrupède, même s'il s'agit d'un singe.

Si une mutation a eu lieu dans un lointain passé, comment a-t-elle pu se produire d'elle-même, cela reste un mystère... Il n'est pas étonnant que certains se demandent si nous ne serions pas le résultat d'une création artificielle...

Les mystères du génome humain

Le génome, qui est l'ensemble de l'information génétique d'un individu ou d'une espèce, tire son nom de la contraction des mots "gènes" et "chromosomes".

Chaque organisme est constitué de cellules contenant un noyau qui renferme les chromosomes. Le nombre de chromosomes est constant au sein d'une même espèce, mais il peut varier d'une espèce à l'autre.

Chaque chromosome est composé d'un long brin d'ADN et contient des centaines, voire des milliers de gènes. Ainsi, l'être humain possède entre 20 000 et 23 000 gènes.

Un gène est un fragment d'ADN, et donc de chromosome, qui porte une information génétique spécifique et code pour une protéine particulière. Chaque gène correspond à une instruction que la cellule doit suivre.

L'ADN peut être comparé à une encyclopédie contenant tous les plans techniques détaillés de l'organisme vivant auquel il appartient. En termes de densité d'information, l'ADN renferme jusqu'à cent mille milliards de fois plus d'informations qu'une puce électronique performante.

Le génome est spécifique à chaque espèce et représente l'ensemble du matériel génétique porté par les chromosomes.

Le séquençage de l'ADN humain a débuté dans les années 80, et depuis lors, d'importantes bases de données ont été constituées à partir d'organismes variés tels que bactéries, microbes, plantes et animaux. Ces données ont permis de comprendre les fonctions de certains gènes et leur fonctionnement.

Cependant, de nombreux mystères subsistent concernant le génome humain.

Notre corps est composé de cent mille milliards de cellules. L'ADN contenu dans chaque noyau cellulaire occupe peu d'espace, mais une fois déplié, il atteint environ 2 mètres de long. Si tout notre ADN était déplié, il mesurerait environ deux cent milliards de kilomètres.

Nous avons 23 paires de chromosomes, soit 46 chromosomes différents, et chaque cellule de notre organisme possède une copie de chacun de ces 46 chromosomes.

L'ADN contenu dans les 46 chromosomes peut comporter plusieurs milliards de lettres, formant ainsi un alphabet chimique.

En 1990, le projet "Human Genome Project" a été lancé par un groupe de scientifiques pour décrypter le génome humain. Pendant 10 ans, environ un millier de chercheurs ont travaillé pour séquencer à peu près 97 % de l'ADN humain.

Cependant, le séquençage n'est qu'une première étape dans la compréhension des mécanismes de développement humain et de son histoire évolutive. Comprendre son fonctionnement prendra du temps, car la vie ne peut être réduite à une simple séquence de processus chimiques.

De nombreuses questions demeurent :

Nos gènes sont identiques à ceux de toutes les formes de vie, y compris les plantes, ce qui confirme l'existence d'une source commune pour l'ADN sur notre planète et d'un lien entre toutes les espèces. Cependant, l'apparition de nombreuses espèces différentes reste inexpliquée.

Les gènes actifs contiennent l'information fonctionnelle, également appelée information codante, mais ils ne représentent que moins de 3% du génome humain. Alors, à quoi servent les 97% restants, qui constituent la majeure partie de notre génome ? Ils sont souvent qualifiés de "gènes poubelles" car considérés comme inutiles, mais est-ce réellement le cas ? Pourquoi le serait-il d'ailleurs ? Alors quelle est leur fonction réelle ?

Le programme génétique de l'homme, qui est composé de plus de 3 milliards de lettres, pourrait logiquement présenter des erreurs lors du processus de réplication. Cependant, le taux d'erreur est quasiment inexistant, environ 1 pour 10 milliards ! Ce programme extrêmement complexe et intelligent est conçu de manière à éviter la moindre erreur et même à la corriger automatiquement en cas de besoin. Il est donc difficile de ne pas penser qu'une intelligence supérieure a œuvré en amont dans la conception de la technologie du vivant.

Parmi les milliers de gènes qui composent notre génome, il est également difficile d'expliquer pourquoi plusieurs dizaines, voire plusieurs centaines d'entre eux, n'ont pas de prédécesseur évolutionnaire.

Il existe deux types de transfert de gènes : le transfert vertical, le plus courant, qui se produit lors de la transmission des gènes d'une génération à la suivante par le biais de la reproduction. Le second mode de transfert, appelé transfert horizontal, pose problème, car il implique le transfert de gènes entre espèces différentes sans prédécesseur évolutionnaire commun. Comment cela est-il possible

Les biologistes les appellent des "gènes étrangers" et précisent qu'ils sont spécifiques à l'homme. Certains avancent que le transfert horizontal de gènes pourrait être un mécanisme important dans l'évolution... Avec ça comme explication

D'autres tentent d'expliquer la présence de ces gènes étrangers par un transfert probable à partir d'une bactérie ! Il n'est donc pas étonnant que le biologiste germano-américain Johann Peter Gogarten présente le transfert horizontal de gènes comme un nouveau paradigme en biologie.

Stephen W. Scherer, scientifique canadien et co-fondateur du premier centre de génome humain au Canada, a participé à la cartographie du génome humain dans le cadre du "Human Genome Project". Il a lui-même déclaré que la découverte d'un transfert horizontal de gènes chez l'homme remet en question les théories actuelles de l'évolution.

Nous savons réaliser artificiellement un transfert horizontal de gènes grâce au génie génétique, mais nous ne comprenons pas comment cela aurait pu se produire naturellement chez l'homme.

Cela soulève également la question de l'origine de ces gènes étrangers. Notre ADN a-t-il été manipulé ?

Certains chercheurs, souvent considérés comme marginaux, osent franchir la frontière du "scientifiquement correct". Daniella Fenton, chercheuse indépendante australienne, fait partie de ceux-là. Dans son livre intitulé "Humains hybrides : preuves scientifiques de notre héritage extraterrestre vieux de 800 000 ans", elle émet l'hypothèse qu'une civilisation hautement évoluée, étrangère à la Terre, serait à l'origine de cette intervention.

Le docteur en biologie moléculaire Pietro Buffa s'étonne que certains gènes soient restés inchangés tout au long de l'évolution des vertébrés, tandis que d'autres ont subi d'importants changements en un laps de temps très court à l'échelle de l'évolution. Les causes de ces changements rapides restent inexpliquées. Selon Buffa, il est possible que l'homme soit un organisme génétiquement modifié, et il n'exclut pas la possibilité d'une modification de notre génome par des entités extérieures incluant certains de leurs propres gènes.

Deux autres scientifiques, Maxim Makukov, diplômé du Département de physique de l'Université d'État Lomonossov de Moscou, et Vladimir Shcherbak, de l'Université nationale kazakhe Al-Farabi, vont même jusqu'à suggérer qu'une espèce intelligente extraterrestre est probablement à l'origine de notre existence et qu'elle a encodé un message dans notre ADN.

Le problème de la bipédie

Les évolutionnistes soutiennent que l'homme a acquis la position debout et la marche sur deux pieds à partir de la position quadrupède de ses ancêtres, les grands singes. Cependant, cette affirmation manque de preuves. En réalité, il a été démontré aujourd'hui que ce n'est pas le cas.

Si un lien existait, la bipédie serait plutôt considérée comme une régression, car ce mode de déplacement est désavantageux par rapport à celui de nos cousins les singes. Une paléontologue française renommée, également titulaire d'un doctorat ès sciences et travaillant au CNRS, affirme dans son livre intitulé "La préhistoire du piéton" que l'homme ne descend en aucune manière d'un primate arboricole. Elle démontre de manière claire et évidente, après avoir étudié et comparé l'anatomie de nos ancêtres et celle des grands singes, qu'un singe arboricole ne peut pas devenir bipède. Cependant, il est possible que les deux aient un ancêtre commun qui pratiquait la bipédie. De cet ancêtre, deux branches se sont développées : celle des singes qui sont devenus arboricoles, et celle de l'homme qui est resté bipède. Le paléontologue franco-allemand François de Sarre, spécialiste en sciences de l'évolution, développe les mêmes arguments dans son livre "La bipédie initiale". De même, le paléoanthropologue anglais Robin Crompton a démontré l'impossibilité de passer de la démarche quadrupède à la bipédie : "Un être vivant peut soit marcher en se tenant droit, soit à quatre pattes". Les découvertes paléontologiques, observées, analysées et datées de manière objective, démontrent clairement que notre existence en tant qu'Homo sapiens remonte très loin dans le temps. L'idée que "l'homme moderne" est présent sur Terre depuis au moins 1 million d'années est désormais acceptée par les spécialistes éclairés. Nos lointains ancêtres étaient donc déjà bipèdes, à l'image de l'hominidé de Toumaï, daté d'environ 7 millions d'années, découvert dans le nord du Tchad, qui était probablement bipède également. Plusieurs autres découvertes vont dans le même sens, comme une empreinte de bipède datant de 3,7 millions d'années trouvée en Tanzanie, dans la région de Laetoli. Au cours de l'année 1994, des squelettes d'hominidés, dont l'un pratiquement complet, ont été découverts en Afrique du Sud. Leur datation s'étend de 2,2 à 3,3 millions d'années. Si nous avons un ancêtre commun avec les grands singes, il ne fait aucun doute qu'il s'agissait d'un primate bipède, il y a environ 25 millions d'années... Cependant, cela ne signifie pas que l'homme descend du singe !

La théorie de l'interventionnisme

Traditionnellement, on oppose le courant évolutionniste au courant créationniste, c'est-à-dire une approche scientifique à une approche basée sur des croyances. Le mécanisme de sélection naturelle tel que nous le connaissons ne suffit pas à expliquer les modifications extraordinaires et brutales qui ont eu lieu dans notre génome. Quant à la thèse créationniste, elle n'apporte aucune explication scientifique et fait uniquement appel à la foi.

En conséquence, nombreux sont ceux qui ne partagent pas les convictions de l'un et de l'autre camp. Parmi eux, une fraction non négligeable adhère à l'idée d'une intervention extérieure ou exogène sur notre planète, appelée l'hypothèse de l'interventionnisme. Les partisans de cette théorie, pensent que dans un passé lointain, des représentants d'une civilisation extraterrestre seraient venus sur notre planète dans le but d'influencer l'évolution de la vie. Ces extraterrestres seraient les fameux "Dieux" mentionnés dans les légendes et les mythes.

Ainsi, l'homme serait le produit d'une manipulation génétique, peut-être à partir d'un hominidé déjà présent sur Terre, voire d'une hybridation entre une espèce terrestre et une espèce extraterrestre. La question qui se pose alors est : pourquoi une telle intervention ? S'agissait-il d'une expérience scientifique ou d'un processus d'implantation d'une forme de vie intelligente sur une nouvelle planète ? La réponse à cette question reste un mystère.

Une chose est certaine, cette hypothèse expliquerait la soudaine apparition de l'homme moderne et l'absence d'un chaînon manquant dans l'évolution. li est inutile de préciser que pour les scientifiques les plus orthodoxes, cette idée est totalement exclue, principalement en raison de leur réticence à admettre l'existence d'autres civilisations dans l'Univers, et encore moins de civilisations beaucoup plus anciennes et avancées que la nôtre.

Parmi les scientifiques plus ouverts d'esprit, l'idée que l'homme puisse être le résultat d'une hybridation entre un hominidé terrestre avec l'ADN des extraterrestres ayant effectué cette intervention n'est pas absurde. Selon Pietro Buffa, docteur en biologie moléculaire, il existe de nombreux indices en faveur de cette hypothèse. Il souligne qu'aucun scientifique n'a jusqu'à présent expliqué le processus mystérieux par lequel l'homo erectus aurait pu engendrer l'être humain. Selon lui, il n'y a pas de contradiction entre l'évolutionnisme et l'interventionnisme, mais plutôt une complémentarité.

Il est difficile de rejeter l'idée que des civilisations extraterrestres beaucoup plus avancées que la nôtre puissent exister, même au sein de notre propre galaxie. Des civilisations capables de maîtriser les voyages interplanétaires depuis des millions d'années et peut-être même de semer la vie sur certaines planètes. Comme l'a dit l'astronaute Edgar Mitchell, "L'existence des extraterrestres et les signes de leurs visites régulières sur Terre ne font aucun doute. Je ne peux pas dire d'où ils viennent, mais les preuves de leur présence sont écrasantes."

Francis Crick, le biologiste britannique lauréat du prix Nobel de médecine en 1962 pour sa découverte de la structure de l'ADN, a également pris une position surprenante concernant l'apparition de l'homme. Selon lui, il ne fait aucun doute que l'homme a été créé par une civilisation extraterrestre avancée. Ces déclarations vont à l'encontre des thèses conservatrices et il est rare qu'un scientifique de renom dévoile publiquement une hypothèse aussi audacieuse.

Crick explique que les humains eux-mêmes seront bientôt en mesure de créer des êtres à leur image, il n'est donc pas étonnant qu'une civilisation beaucoup plus ancienne et avancée que la nôtre ait pu faire de même dans un passé lointain. Selon lui, les "Dieux Créateurs" mentionnés dans les mythes et légendes ne sont rien d'autre que les représentants de cette civilisation à qui nous devons nos origines.

Il est intéressant de noter que certains scientifiques, tels que Maxim A. Makikov de l'Institut d'Astrophysique de Fesenko et Vladimir I. Scherback de l'université nationale al-Farabi Kazakh, ont consacré près de 15 ans à la cartographie de l'ADN humain. Selon eux, il ne fait aucun doute que nous avons été conçus par une intelligence supérieure, avec un langage codé dans notre ADN.

Les mythes et les légendes des anciens peuples racontent plus ou moins la même histoire. Selon ces récits, l'homme aurait été "conçu" par d'anciens "Dieux" venus d'ailleurs. Les détracteurs de cette théorie prétendent bien sûr que ces récits ne sont que le fruit de l'imagination débordante des civilisations anciennes.

Cependant, l'interventionnisme est une hypothèse sérieuse parmi d'autres, alors pourquoi la rejeter catégoriquement ? Rien ne permet en effet d'affirmer que la vie ne puisse pas être arrivée sur Terre depuis l'extérieur ou que l'homme ne puisse pas être le fruit de manipulations génétiques.

Même Darwin lui-même a remarqué que certaines interventions réalisées par l'homme sur des animaux ou des plantes produisaient des résultats similaires à ceux de l'évolution, mais beaucoup plus rapides. Il avait bien compris que le processus d'évolution est manipulable...

Contrairement à ce que suggère le darwinisme, il est donc peu probable que l'homme moderne soit le résultat d'une longue évolution. Il semble plutôt qu'à un moment donné, une mutation étrange et ponctuelle se soit produite brusquement dans une partie de notre code ADN. Sans cette mutation, qui reste pour le moment inexpliquée, l'homme serait resté un primate ordinaire.

La complexité et la précision de cette mutation excluent qu'elle soit le fruit du hasard, ce qui suggère clairement une intervention extérieure.

Qui peut dire que nous, les habitants de la Terre, ne serons pas tentés demain d'implanter la vie sur une autre planète, voire d'y implanter une forme de vie intelligente ?

Création de l'homme
Récits et traditions

Les historiens classent généralement les récits anciens en deux catégories : "historiques" pour ceux qui traitent du mode de vie, de l'histoire, de la culture, des croyances et des traditions d'un peuple, et "mythiques" pour ceux qui abordent des sujets plus métaphysiques, tels que l'origine du monde ou de l'humanité, par exemple.

Il est indéniable que les mythes sont ancrés dans les traditions anciennes. Cependant, certains récits ont peut-être été classés arbitrairement comme des mythes simplement parce qu'ils ne correspondent pas aux points de vue des historiens. Il est important de rappeler que ces peuples utilisaient leur langage et leurs connaissances limitées pour relater, de manière imagée, des faits qui dépassaient leur compréhension.

Ceci étant dit, une question à laquelle les historiens ne donnent pas de réponse satisfaisante reste en suspens : pourquoi trouve-t-on une grande similitude dans les récits de certains thèmes à travers la planète ? L'histoire des origines de l'humanité en est un exemple, indépendamment du peuple ou du continent d'où elle émane.

Dans les grandes lignes, selon ces traditions, l'homme serait né ou aurait été conçu grâce à l'intervention de "Dieux" venus d'ailleurs... Bien sûr, ces Dieux sont nommés et décrits différemment selon les peuples, tout comme les modes de création rapportés diffèrent. Cependant, ce qui importe, c'est que tous ces récits font intervenir des entités considérées comme supérieures et étrangères à notre planète.

Et si ces traditions avaient une lointaine relation avec des faits historiques ?

La concordance de ces récits ne peut être expliquée que si l'on considère que ces peuples ont communiqué d'une manière ou d'une autre, ou qu'ils se sont inspirés d'un événement universel bien réel, qui est resté gravé dans leur mémoire au fil des générations.

Les plus anciens textes connus

Au milieu du XIXe siècle, deux archéologues anglais, Austen Henry Layard, et quelques temps plus tard, Hormuzd Rassam, découvrirent sous les ruines de la bibliothèque d'Assurbanipal à

Ninive un ensemble de tablettes recouvertes de signes cunéiformes. Ces découvertes firent sensation, car il s'agissait des textes les plus anciens jamais découverts. Les tablettes, déposées au British Museum, furent traduites, et c'est ainsi que le rapprochement avec les récits de la Genèse fut fait. Il était en effet évident que les textes de l'épopée babylonienne de la création du monde avaient inspiré ceux de la Genèse.

Un certain nombre d'analogies ont été extraites de ces écrits:

• Un déluge dévastateur, qui, d'ailleurs, est une ancienne croyance universelle.

• Un personnage, qui, comme Noé, construit une arche pour préserver les siens, mais aussi sauver des plantes et de nombreux animaux.

• Un personnage, qui, comme Moïse, fut trouvé bébé dans un panier dérivant sur un cours d'eau. Plus tard, devenu un chef important, il reçut également des lois communiquées par un "Dieu".

• Des messagers envoyés par ces "Dieux".

Il ne fait aucun doute que la Genèse tire son origine de ces récits, même si le texte a été révisé pour éliminer le concept d'intervention divine qui dérange tant, et substituer un seul "Dieu" aux "dieux" multiples des tablettes babyloniennes.

Mauro Biglino, bibliste et grand spécialiste de l'hébreu, qui a longtemps été traducteur pour les éditions San Paolo, donne crédit à cette version. Il s'est consacré à une traduction littérale des récits bibliques, en particulier du livre de la Genèse, débarrassée de tout interventionnisme théologique. Cette traduction met en évidence une histoire qui n'a aucun lien avec celle révélée dans les textes religieux. L'homme y apparaît comme le résultat d'une intervention extérieure et non comme un acte de création divine.

En ce qui concerne les plaquettes cunéiformes sumériennes, un certain nombre d'entre elles traitent de nos origines. Il est dit que la Terre aurait été colonisée dans un lointain passé par une race très avancée venue d'une lointaine planète, qui aurait procédé à la "création" de nos ancêtres.

Ces mêmes "Dieux créateurs" auraient plus tard apporté leurs connaissances aux premiers peuples de la Terre: "tout ce que nous savons nous a été enseigné par les Dieux". Cela sous-entend que ces "Dieux" n'avaient rien à voir avec des divinités quelconques.

Les tablettes babyloniennes, datant d'environ 3 millénaires avant notre ère, précisent également qu'elles ne sont en fait que des copies de textes bien plus anciens.

Il va sans dire que la traduction de ces tablettes est contestée, principalement en raison de ses implications, plutôt que sur des bases objectives.

Bérose, prêtre, astronome et historien babylonien (vers -340), nous raconte également que l'homme aurait été conçu par des Géants venus du ciel. Ces "généticiens" auraient d'abord réalisé de nombreuses expériences sur des animaux. Ainsi, le Dieu Enki aurait créé des êtres hybrides, des monstres mi-homme mi-bête, des êtres abominables, avant de s'attaquer à un hominidé. L'homme moderne serait finalement le résultat de ces travaux.

Des écrits très fragmentés attribués au patriarche Hénoch rapportent sensiblement la même histoire. En gros, des "anges" connaissant des secrets auraient accompli des actes contre nature sur des animaux dans le but de métisser les espèces...

L'écrivain américain Zecharia Sitchin (1920-2010) a contribué à populariser la théorie de l'évhémérisme, selon laquelle les "Dieux" seraient en réalité des êtres humains ou humanoïdes bien réels, élevés au rang de divinités en raison du respect suscité par leurs connaissances et leurs pouvoirs. Sitchin les appelle les "Annunakis" et affirme qu'ils sont venus sur notre planète dans un lointain passé pour y créer et implanter nos ancêtres, en croisant leurs propres gènes avec ceux d'un primate déjà présent sur Terre à cette époque. Sitchin tire ses théories de ses propres traductions des tablettes babyloniennes. Bien que certaines de ses traductions soient controversées par d'autres spécialistes, il est difficile de déterminer qui a tort ou raison en raison de problèmes d'interprétation.

Quoi qu'il en soit, les livres de Sitchin rencontrent un grand succès en raison de la vision novatrice qu'il propose, malgré quelques fantaisies dans ses développements.

Un autre écrivain et linguiste, Anton Parks, également spécialisé dans les cultures orientales anciennes, partage les mêmes convictions. Selon lui, l'humanité serait bien le fruit d'une hybridation du génome d'un primate terrestre avec celui d'êtres extraterrestres très évolués.

Les hypothèses échafaudées par les deux auteurs concernant la finalité de ces manipulations ne présentent pas un grand intérêt. La question du pourquoi est un autre débat qui n'enlève rien aux faits eux-mêmes.

6 DELUGES ET CATACLYSMES

Les cataclysmes

Notre planète a vécu de multiples catastrophes de différentes natures au cours de son histoire. Elle a connu des périodes glaciaires importantes, des impacts d'astéroïdes, des déluges et des raz-de-marée gigantesques. L'écorce terrestre a été bouleversée à maintes reprises, entraînant l'engloutissement d'îles et de régions côtières, ainsi que des déplacements des pôles magnétiques. Ces catastrophes ont provoqué des extinctions massives de faune, de flore et potentiellement de civilisations anciennes.

Personne ne conteste aujourd'hui, que les pôles de la Terre se sont inversés à plusieurs reprises. Les particules magnétiques contenues dans les roches ont plusieurs fois changées d'orientation, fournissant ainsi la preuve de ces inversions.

À l'échelle géologique, les collisions avec des astéroïdes ne sont pas rares. Elles sont notamment invoquées pour expliquer la disparition soudaine des dinosaures. Les astéroïdes sont des corps rocheux provenant du système solaire, pouvant atteindre plusieurs dizaines à plusieurs centaines de kilomètres de diamètre. Statistiquement, un objet de 100 mètres à 1 kilomètre de diamètre entre en collision avec la Terre tous les 5 000 à 30 000 ans. Lorsqu'un astéroïde d'un kilomètre de diamètre heurte la Terre, il provoque une explosion équivalente à plusieurs dizaines de bombes nucléaires, engendrant des conséquences dramatiques telles que des tremblements de terre, des raz-de-marée et des incendies, qui sont catastrophiques pour la vie sur des milliers de kilomètres à la ronde.

Une collision avec un astéroïde de 5 kilomètres se produit en moyenne une fois tous les 100 millions d'années, si une telle rencontre devait survenir, elle entraînerait la quasi-extinction de l'humanité. Un astéroïde d'un diamètre de 10 à 100 kilomètres provoquerait un cataclysme d'une ampleur telle que la plupart des espèces sur Terre seraient anéanties.

On estime qu'il y a environ 150 millions d'années, un astéroïde d'environ 15 kilomètres de diamètre a percuté le supercontinent appelé Gondwana, provoquant sa dislocation et la formation de l'Afrique, de l'Arabie, de l'Inde, de l'Amérique du Sud, de l'Antarctique et de l'Australie. Ce cataclysme a entraîné la disparition de 96% des formes de vie présentes à cette époque.

Un corps céleste de 100 à 200 kilomètres, également appelé planète naine, provoquerait la vaporisation des océans et la disparition totale de toute vie sur Terre. La fréquence d'une telle collision est estimée à une fois tous les 1 milliard d'années, ce qui nous laisse un peu d'espoir...

Statistiquement, notre planète a été heurtée à de multiples reprises au cours de son histoire, y compris par des astéroïdes géants, avec les conséquences que nous connaissons.

La dernière grande catastrophe due à un astéroïde remonte à environ 13 000 ans. À cette époque, le réchauffement climatique dans l'hémisphère nord a été brutalement interrompu, entraînant une période de froid qui a duré 1 300 ans. C'est à ce moment-là que la faune du continent nord-américain a disparu et que la culture Llano, également connue sous le nom de civilisation Clovis, s'est éteinte. La découverte de diamants nanoscopiques dans des sédiments terrestres datant d'environ 13 000 ans en Amérique du Nord, constitue une preuve tangible de l'impact météoritique qui s'est produit à cette époque et dans cette région. Ces nanodiamants ont été retrouvés dans six sites différents, tous situés dans la même couche stratigraphique correspondant à la période du Drias récent, soit approximativement de -12 700 à -11 700 ans avant le présent. Il convient de noter que cette datation correspond également à la légende de la destruction de l'Atlantide...

La Mer Noire

Certains scientifiques avancent que la Mer Noire doit peut-être son existence au déluge. Il est établi qu'il y a environ 10 000 à 12 000 ans, un modeste lac d'eau douce occupait l'emplacement actuel de la Mer Noire. Ce lac se serait soudainement rempli d'eau salée, et certains affirment que cette eau provenait probablement de la Mer de Marmara. Selon cette hypothèse, le déluge d'eau aurait transité par le Bosphore, inondant la dépression existante à cet endroit et remplaçant ainsi le modeste lac d'eau douce par une mer d'eau salée. Des carottages effectués sur les fonds de sédiments ont renforcé cette hypothèse en révélant la présence de moules marines dans la partie supérieure et de moules lacustres dans la partie inférieure.

Accepter cette découverte du déluge serait admettre l'existence d'une catastrophe majeure à cette époque. Il n'est donc pas étonnant que le sujet suscite des controverses. Cependant, une certitude demeure : cette catastrophe fut brutale et, quelle qu'en fut la nature, elle a entraîné la disparition de la faune lacustre pour la remplacer par une faune marine.

Cet épisode correspondrait à la grande déglaciation survenue vers 12 000 ans avant notre ère. Le climat s'est rapidement réchauffé, entraînant la fonte des calottes glaciaires et libérant d'énormes volumes d'eau, un phénomène qui s'est poursuivi jusqu'à il y a environ 9 000 ans.

En Égypte

Plusieurs géologues ont apporté une preuve indéniable que l'érosion marquée du Sphinx n'a pas été causée par les vents de sable, comme on l'affirmait depuis longtemps, mais serait d'origine diluvienne. Les scientifiques rechignent à admettre cette évidence simplement parce que cela impliquerait que le Sphinx daterait d'avant le déluge, confirmant ainsi son extrême antiquité. Les anciennes légendes égyptiennes font d'ailleurs référence à un grand cataclysme au cours duquel le cours du Nil aurait été modifié.

Le niveau des océans

Il a constamment varié au cours du temps. Il y a 450 millions d'années, il se situait à environ 600 mètres au-dessus du niveau actuel. Il y a 95 millions d'années, il était descendu à environ 300 mètres au-dessus du niveau actuel. Pendant la dernière période glaciaire, il y a environ 18 000 ans, il est descendu jusqu'à 100 mètres en dessous du niveau actuel. Cela signifie que de vastes étendues de terres se sont retrouvées successivement au-dessus et en dessous du niveau des océans.

La science trie ses preuves

Il y a 66 millions d'années, un gigantesque astéroïde s'est écrasé sur Terre, provoquant un séisme majeur. Récemment, une équipe de scientifiques américains a découvert des preuves de cette catastrophe sur un site du Dakota du Nord. Il s'agit d'une épaisse couche de sédiments de plus de 1,30 mètre, dans laquelle des poissons et des ossements de dinosaures bien conservés ont été fossilisés. Cette découverte confirme que la chute de cet astéroïde a provoqué un énorme tsunami à l'origine de cet amoncellement sédimentaire.

Il est intéressant de noter que cette découverte a suscité beaucoup d'attention, car elle correspond à une catastrophe largement acceptée par la communauté scientifique. On peut légitimement se demander pourquoi d'autres découvertes similaires, mais plus récentes, survenues sur tous les continents, n'ont pas suscité le même enthousiasme... La raison en est bien sûr les présupposés idéologiques et dogmatiques auxquels les scientifiques sont confrontés. Si une découverte ne correspond pas au schéma établi, il vaut mieux l'ignorer que de provoquer des remous.

Néanmoins, de nombreuses fouilles et sondages ont révélé l'existence de couches de sédiments beaucoup plus récentes, datant de quelques milliers d'années seulement, formées en un laps de temps très court et clairement causées par un tsunami ou un déluge d'ampleur. Ces découvertes viennent étayer le mythe du déluge universel, ce qui explique pourquoi elles sont ignorées.

Les paléontologues conviennent cependant que l'histoire de notre planète est marquée par des extinctions massives qui, à au moins cinq reprises, ont entraîné la disparition de jusqu'à 95% des espèces. Ces catastrophes majeures ont eu des répercussions importantes sur les formes de vie dominantes.

À la limite entre l'Ordovicien et le Silurien, il y a environ 445 millions d'années, la vie animale était presque exclusivement marine. C'est à cette époque qu'a eu lieu la première extinction massive, peut-être en raison d'une glaciation majeure, entraînant la disparition d'environ 60% des genres d'animaux marins.

Entre 380 et 360 millions d'années, l'extinction du Dévonien, due à un changement climatique dont la cause n'est pas clairement établie, a provoqué la disparition d'environ 75% des espèces d'animaux marins.

Entre 245 et 252 millions d'années, l'extinction du Permien-Trias s'est produite. Les causes de cette extinction, qui est considérée comme la plus importante de l'histoire, seraient liées à une intense activité volcanique, entraînant un changement climatique. Près de 95% de la vie marine et 70% des espèces terrestres ont disparu.

Il y a 200 millions d'années, la Terre a connu une nouvelle extinction, celle du Trias-Jurassique, marquée par la fragmentation de la Pangée et un refroidissement climatique considérable. Encore une fois, environ 75% des espèces marines et 35% des familles d'animaux ont disparu, y compris les derniers grands amphibiens.

Enfin, il y a environ 65 à 66 millions d'années, est survenue la dernière grande extinction, celle du Crétacé-Tertiaire. Les causes probables sont un impact majeur avec un astéroïde et d'importantes éruptions volcaniques. Environ 50% des espèces ont été éliminées, dont la quasi-totalité des dinosaures. Le niveau des océans s'est élevé de 200 mètres par rapport à leur niveau actuel.

En 1983, les paléontologues américains David M. Raup et J. John Sepkoski Jr. ont avancé une théorie selon laquelle les extinctions se seraient produites à intervalles réguliers d'environ 26 millions d'années au cours des 250 derniers millions d'années. Quoi qu'il en soit, qu'ils surviennent à intervalles réguliers ou non, la réalité des cataclysmes et des extinctions récurrentes ne fait plus débat.

Par contre, et comme c'est souvent le cas, les scientifiques ne sont pas tous d'accord sur les données. Certains remettent en question les datations, d'autres les causes ou les conséquences. Peu importe les débats, le simple fait que ces catastrophes dévastatrices se soient produites et qu'elles soient reconnues par la communauté scientifique souligne la grande fragilité de la vie sur Terre.

Selon les traditions des peuples anciens, l'humanité aurait elle-même subi plusieurs de ces catastrophes et aurait été détruite à plusieurs reprises par le passé. Selon la tradition shivaïte, la Terre aurait connu plusieurs civilisations, chacune connaissant son développement, son apogée, puis son déclin avant de disparaître dans un cataclysme. Toujours selon cette tradition, nous serions la septième civilisation... Notre planète serait donc soumise à des cycles de mort et de renaissance.

Le déluge universel

Toutes les traditions anciennes mentionnent l'existence de temps bouleversés, de chamboulements terrestres, de cataclysmes dévastateurs, mais l'un d'entre eux semble avoir particulièrement marqué les esprits: le fameux déluge universel. Il s'agit sans doute du dernier grand cataclysme ayant impacté l'humanité à l'échelle de la planète.

Les récits issus de plusieurs centaines de mythes du déluge ont été répertoriés, provenant de tous les continents et de tous les peuples. Vous pouvons citer:

- Le récit biblique,
- Les textes mésopotamiens,
- Les textes perses,
- Les textes grecs, avec le Critias et le Timée,
- Les anciens textes romains,
- Les textes hindous, avec les Vedas,
- Les textes zoroastriens, avec l'Avesta,
- Les anciennes légendes celtes,
- Le "Cath Maighe Tuireadh" irlandais,
- Les textes mayas, avec le Popol Vu,
- Les récits des peuples amérindiens,
- Les récits aborigènes,
- Les légendes des îles Hawaï,
- Les légendes des îles Fidji,
- Les textes nordiques, avec la légende d'Ymir,
- Les légendes des peuples esquimaux,
- Les anciens récits chinois,
- Les récits du peuple Hmong, ...

Nous arrêterons là l'énumération, puisque pratiquement tous les peuples anciens rapportent l'expérience d'un déluge dans leurs textes fondateurs.

En règle générale, le récit fait état de pluies catastrophiques qui ont entraîné des inondations de grande ampleur, provoquant l'extermination de toute vie sur Terre, à l'exception d'un seul couple humain et d'animaux de chaque espèce.

Ce qui est surprenant, outre le grand nombre de mythes traitant du déluge, c'est leur homogénéité. Tous possèdent la même trame et racontent la même histoire, avec quelques variantes bien sûr, en raison des différentes cultures et des altérations de la transmission orale. Comment justifier qu'un récit similaire soit rapporté dans des centaines de traditions, et sur tous les continents? On ne peut guère évoquer le hasard.

Cependant, on peut parfaitement comprendre qu'une telle catastrophe planétaire ait durablement marqué les esprits et que son souvenir ait survécu à travers les traditions écrites ou orales des cultures anciennes.

Il est donc tendancieux et arbitraire de considérer ces récits du déluge comme de simples mythes sans fondement et dépourvus de base réelle.

Le récit de la Genèse

Les chapitres 6, 7 et 8 de la Genèse (Ancien Testament) contiennent le récit du déluge, qui est le plus connu. Le texte raconte la création, puis la chute de l'homme, et l'avènement d'un nouvel âge. En raison de la propagation du mal et de la violence des hommes sur Terre, Yahvé décide de les éliminer. Il déclare : "Je supprimerai de la surface du sol les êtres que j'ai créés, depuis les hommes jusqu'aux bêtes, aux reptiles et aux oiseaux, car je me repens de les avoir faits." "Je vais provoquer le déluge sur la Terre pour exterminer toute chair ayant le souffle de vie sous le ciel... tout ce qui est sur la Terre doit périr..."

Seul Noé trouve grâce aux yeux de Yahvé, qui lui dit : "Construis une arche en bois et entre dedans, toi et tes fils, ta femme et les femmes de tes fils avec toi. De toute créature vivante, de toute chair, tu feras entrer deux de chaque espèce dans l'arche pour les sauver avec toi ; qu'il y ait un mâle et une femelle."

Le récit du déluge met en évidence une cause initiale qui n'a rien de géologique, car il s'agit d'une vengeance de Yahvé suite au mauvais comportement des hommes sur Terre.

Aujourd'hui, personne ne conteste que le mythe sumérien de Ziusudra et celui d'Utnapishtim, tirés de l'Épopée de Gilgamesh, ont servi de sources au récit du déluge biblique. Les textes sumériens en question précisaient eux-mêmes être issus de traditions encore plus anciennes...

La version sumérienne

C'est en 1877 que les premières fouilles ont commencé sur les anciens sites de Sumer. À la vue de la richesse des découvertes, les campagnes de recherche se sont rapidement intensifiées. À la fin du XIXe siècle et au début du XXe siècle, l'Université de Pennsylvanie a dirigé l'une de ces campagnes de recherche sur la cité de Nippur, principal centre religieux de Sumer. Lors de l'excavation d'un tumulus, les archéologues ont découvert un grand nombre de tablettes gravées, dont beaucoup étaient réduites à l'état de fragments. Lors du nettoyage de l'un de ces fragments, un membre de l'équipe, Hermann Volrath Hilprecht, d'origine germano-américaine, a remarqué une série de signes évoquant un déluge. Il venait de découvrir les bribes d'un récit qui allait susciter beaucoup d'intérêt.

Plus tard, on a découvert qu'il n'existait pas un, mais au moins trois récits du déluge, le plus ancien datant probablement du IIIe millénaire avant notre ère.

En réalité, le récit commence bien avant le déluge, car il mentionne la création des plantes, des animaux et des hommes. Malheureusement, de nombreux fragments ont été détruits par le temps, mais on peut néanmoins comprendre qu'il existait déjà une civilisation importante. À cette époque lointaine, les dirigeants étaient des "Dieux-Rois" descendus du ciel. À un certain moment, le comportement des humains semble avoir fini par attirer leur colère, et les "Dieux" ont décidé de les punir en les anéantissant.

Cependant, il existait quelques opposants à cette décision extrême, et l'un d'entre eux, nommé Enki, prévint Ziusudra, alors roi de Suruppak, du désastre imminent. Il l'enjoint de construire une arche, en lui communiquant les dimensions idéales, et sur laquelle lui et sa famille devront embarquer, ainsi qu'un couple de chaque espèce animale existant sur Terre...

Le "Dieu" compatissant envers Ziusudra lui a dit en substance : "Crois en mes paroles, écoute attentivement mes instructions : une inondation va balayer les villes et détruire l'humanité. Tel est le décret de l'assemblée des Dieux"... La suite du texte est partiellement manquante, puis elle reprend avec des instructions précises sur la construction d'une arche gigantesque qui devra permettre à Ziusudra d'échapper à la destruction et de sauver tout ce qui peut l'être.

Le récit se poursuit en décrivant le cataclysme qui dure sept jours et sept nuits. Les eaux balayent la terre, faisant tanguer l'immense bateau de Ziusudra. Puis, enfin, le huitième jour, tout redevient calme, mais le monde d'avant a totalement et définitivement disparu.

Les seuls survivants sont Ziusudra, sa famille et tout ce qu'ils ont pu transporter sur leur bateau. Grâce à cela, la faune et l'humanité allait pouvoir renaître après ce terrible cataclysme.

Cette histoire sera reprise plus tard dans le récit biblique, où le sauveur sera désigné non pas comme Ziusudra, mais comme Noé.

À travers ce récit, un élément est difficile à appréhender: l'ampleur géographique de la catastrophe. Cependant, le simple fait que toute l'humanité ait été éliminée implique que le désastre a dû être planétaire.

Les "Dieux" à l'origine de l'espèce humaine semblaient assurer son contrôle et disposaient même de leur création à leur guise. Ainsi, lorsque les hommes s'écartèrent du droit chemin, la punition divine s'abattit sur eux, selon la Bible...

Cette histoire suggère que l'espèce humaine existait avant le Déluge, et même bien avant si l'on se réfère à la chronologie des Rois de Sumer. De même, elle précise que l'humanité renaît à l'issue de ce cataclysme, avec de nouvelles orientations et particularités. Les hommes de l'époque antédiluvienne vivaient exceptionnellement longtemps, ce qui fut plus le cas pour la nouvelle génération qui repeuplat la Terre.

On notera également que les versions ultérieures du récit du déluge sont empreintes d'une certaine morale et invitent à se conformer aux bonnes mœurs et au respect d'autrui. Ces dispositions sont reprises dans les écrits bibliques sous la forme de commandements.

Il est évident que les textes sumériens et bibliques racontent une histoire similaire, avec les mêmes particularités:

- La création du monde
- La création de l'humanité
- Le jardin d'Eden
- L'origine du mal
- L'antagonisme entre le monde divin et le monde humain
- La quête de l'immortalité
- Des rois antédiluviens vivant pendant des siècles
- La présence de géants sur Terre
- Des Dieux s'unissant aux filles des hommes
- L'épisode de la Tour de Babel
- L'épisode du déluge
- L'histoire de Ziusudra/Noé
- L'après-déluge

- La durée de vie humaine fixée à 120 ans
- La taille plus petite des humains par rapport à ceux d'avant, etc.

La seule différence notable entre les deux versions est que les "Dieux-créateurs" descendant du ciel, dans le récit mésopotamien, sont remplacés par un-Dieu transcendant et unique dans la Bible.

Il existe plusieurs centaines de mythes très similaires à travers le monde. Comment expliquer un tel phénomène, sinon par la survenue réelle d'un cataclysme universel, entraînant la disparition du monde d'avant et l'avènement d'une nouvelle population?

Les souvenirs de ce cataclysme se sont transmis de génération en génération, et il est facile de comprendre que des distorsions se soient glissées au fil du temps dans ces transmissions orales. Cependant, il est tout aussi évident que l'on retrouve, dans les grandes lignes, des similitudes indéniables entre ces récits, y compris celui de la Genèse: une inondation généralisée provoquée par la colère divine, un homme averti du danger, la construction d'une arche, un déluge qui dure plusieurs semaines et recouvre tout, peu de survivants pour repeupler la Terre, une humanité renaissante différente, etc.

Les historiens ne nient pas l'existence de ces récits, mais ils refusent d'admettre la réalité de leurs fondements. Ils prétendent que de multiples petites inondations locales et distinctes partout sur la planète en seraient à l'origine. Cette explication ne justifie en rien les caractéristiques très particulières communes à ces récits...

Même si de nombreuses inondations locales ont pu marquer l'histoire de l'humanité au fil du temps, elles n'ont rien à voir avec celle qui a donné lieu à l'histoire du déluge.

Les propos et justifications des scientifiques et des historiens de tous bords ont pour seul but de convaincre le commun des mortels que le déluge universel n'est qu'un simple mythe.

Cependant, pour les observateurs les plus objectifs, il est plus réaliste de comprendre que tous ces récits similaires traduisent, même de manière déformée, le souvenir d'un déluge destructeur sans précédent.

Nous pouvons débattre de la date, des causes et du déroulement de cet événement, mais il est difficile de contester sa réalité.

Existe-t-il des preuves du déluge ?

La réponse est affirmative !

Prenons tout d'abord la découverte réalisée par l'archéologue britannique Charles Leonard Woolley. De 1919 à 1934, il a consacré 15 ans de sa vie à fouiller le site de l'ancienne cité d'Ur. Dans le but de trouver le niveau le plus ancien d'occupation du site, Woolley et son équipe ont entrepris de creuser un puits de fouille. À un certain moment, la présence d'une couche d'argile vierge de tout vestige leur a fait croire qu'ils avaient atteint leur objectif. Cependant, par souci de rigueur, ils ont poursuivi leurs investigations et ont bientôt découvert une épaisse couche de sédiments d'une épaisseur de plus de 3 mètres. Woolley a été surpris de trouver, sous cette couche sédimentaire, de nombreux fragments d'objets domestiques, dont des tessons de poteries. Comment ces objets pouvaient-ils être enfouis de cette manière ? La seule explication était qu'une inondation exceptionnelle avait recouvert l'ancienne cité d'Ur d'un dépôt de sédiments.

Cette découverte constituait une première preuve en faveur de l'histoire du déluge. Il a été ultérieurement révélé que quatre autres anciennes cités sumériennes présentaient la même particularité, confirmant ainsi l'importance et la généralisation de l'inondation qui avait provoqué ce phénomène.

Faut-il s'intéresser aux anciens mythes ?

En règle générale, on considère un mythe comme une histoire largement connue mais fausse. En d'autres termes, il s'agit d'un récit imaginaire. Ces récits ont tous une origine extrêmement ancienne et ont généralement été transmis par voie orale avant d'être consignés par écrit.

La science les ignore la plupart du temps, car les limites qu'elle s'impose lui interdisent de s'ouvrir à l'irrationnel, à l'abstrait et surtout à tout ce qui diverge de sa propre vision des choses. Pourtant, les mythes, tout comme la science, contribuent à notre conception du monde, et une meilleure interaction entre ces deux domaines ne pourrait être que fructueuse.

Contrairement à une idée reçue, les mythes n'ont souvent rien d'irrationnel. En réalité, la plupart d'entre eux se contentent d'objectivement relater des faits bien réels survenus à des époques très lointaines. Cette narration peut parfois nous sembler irréelle, voire extravagante ou farfelue, mais cette impression est principalement due au langage imagé et limité de l'époque. Il est essentiel de replacer ces histoires dans leur contexte et de comprendre qu'elles ont été transmises avec le vocabulaire et les connaissances de l'époque. Au fil du temps, les récits ont pu être embellis, voire déformés faute d'une véritable compréhension, mais cela ne signifie pas pour autant que le fond de l'histoire relève de la pure fiction.

Découvrir aujourd'hui le véritable sens et la réalité qui se cachent derrière chaque mythe n'est certes pas chose aisée. Cela nous oblige à nous affranchir des prismes de nos certitudes et de notre vision formatée du monde. Les mythes et traditions des anciens peuples, souvent jugés sans valeur historique par nos ethnologues et anthropologues, pourraient très bien contenir, du moins en partie, des souvenirs de faits bien réels transmis de génération en génération depuis des temps immémoriaux. De nombreux exemples nous ont prouvé que cela pouvait être le cas. Rappelons-nous Heinrich Schliemann qui découvrit les vestiges de la ville de Troie. Les historiens étaient persuadés qu'il s'agissait d'un mythe, car les récits de l'Iliade et l'Odyssée étaient perçus comme le fruit de l'imagination d'Homère. Les scientifiques ne pouvaient pas non plus envisager qu'une civilisation avancée puisse retomber dans la barbarie.

Si nous nous intéressions davantage aux anciens mythes, nous pourrions peut-être découvrir des fragments de notre histoire lointaine ainsi que celle de notre planète. Pour illustrer cette idée, examinons quelques mythes troublants.

En Afrique

En ce qui concerne les mythes, l'Afrique est souvent négligée, car il n'existe aucun écrit antérieur à l'arrivée des Européens. Les rares récits qui nous sont parvenus relèvent uniquement de la transmission orale. C'est le cas des peuples Dogons et Bambaras du Mali, des Bochimans d'Afrique australe, des Pygmées d'Afrique centrale et des Bantous du Soudan et d'Afrique du Sud.

Parmi eux, le peuple Dogon possède probablement la tradition la plus riche et la plus étonnante. Dans la région de Mopti au Mali, s'étend le plateau asséché de Bandiagara, berceau du pays Dogon. Nous en savons peu sur ce petit peuple qui compte aujourd'hui quelques centaines de milliers d'individus. Il semble qu'ils se soient installés sur les falaises de Bandiagara entre le XIIIe et le XVIe siècle de notre ère.

Les Dogons pourraient être un peuple ordinaire s'ils n'étaient pas les gardiens d'une tradition et d'une cosmogonie absolument fascinantes. Leur découverte a eu lieu en 1931, dans le cadre de la Mission Dakar-Djibouti dirigée par l'ethnologue Marcel Griaude, qui entreprit d'étudier ce peuple des hauts plateaux. Quelques années plus tard, une autre ethnologue française, Germaine Dieterlen, le rejoignit. Tous deux ont régulièrement fréquenté ce peuple et ont fini par gagner leur confiance, à tel point qu'un vieux sage a accepté de les initier à leurs connaissances secrètes.

Marcel Griaude a publié plusieurs ouvrages traitant de la cosmogonie des Dogons. En 1951, il a collaboré avec Germaine Dieterlen à la rédaction du livre "Un système soudanais de Sirius", suivi de "Le renard pâle". Ces deux ouvrages ont fait connaître à l'Occident la curieuse cosmogonie Dogon et leur vision de l'univers.

Ce que le vieux prêtre leur a révélé semblait si étrange que personne ne prit au sérieux leur récit. Les révélations ont néanmoins suscité une polémique qui a alimenté la presse occidentale pendant des années. Certains de leurs confrères n'ont pas hésité à qualifier ce récit de farfelu. Cependant, aucun des critiques n'a pris la peine de se rendre sur place pour vérifier les dires des deux ethnologues français, dont le travail constitue l'une des rares sources exhaustives sur la cosmogonie Dogon.

Cette histoire est tombée dans l'oubli pendant de nombreuses années, jusqu'à ce que deux auteurs s'emparent du sujet et publient deux nouveaux livres : "Essai sur la cosmogonie des Dogons. L'arche du Nommo" par Eric Guerrier en 1975, et plus récemment "Le mystère Sirius" par Robert Temple.

Il est indéniable que la vie des Dogons est imprégnée de mythes venus du fond des âges. Cette connaissance est transmise de génération en génération depuis toujours. Leur cosmogonie n'explique rien de moins que la création du monde et parle d'une pluralité de mondes et d'univers différents dans une immensité infinie.

Selon leurs mythes, ils affirment que huit "Nommo", des créatures amphibies venues de Sirius, sont à l'origine des huit tribus Dogon. Ces "Nommo" auraient atterri au nord-est du pays, là où les Dogons ont commencé leur migration vers leur région actuelle.

Selon leur cosmogonie, l'Univers a été créé à partir d'un noyau central par la voix d'Amma, leur Dieu suprême. Ils prétendent que cet Univers est infini et tourne en spirale conique. Ils affirment également que les mondes sont infinis et s'éloignent de nous à grande vitesse dans un mouvement spiralé... Un récit qui rejoint nos récentes théories sur l'expansion et la structure de l'Univers.

Les connaissances des Dogons en astronomie sont vraiment surprenantes et dépassent largement le domaine de la simple observation, en particulier en ce qui concerne le système de Sirius.

Sirius, également appelée Alpha Canis Majoris, est l'étoile principale de la constellation du Grand Chien. Elle est l'étoile la plus brillante du ciel et fait partie de la catégorie des étoiles blanches. Elle est également l'une des étoiles les plus étudiées en astronomie. Cependant, le savoir des Dogons semble dépasser nos propres connaissances. Depuis toujours, ils savent que cette étoile est accompagnée d'une autre plus petite, connue aujourd'hui sous le nom de Sirius B. Les Dogons appellent cette étoile "Po Tolo" ou "Po-Digitaria", du nom d'une graine particulière de millet qui est à la fois très lourde et de taille minuscule, ce qui correspond exactement à Sirius B, selon eux.

Il est en effet connu depuis 1920 que les naines blanches ont la particularité d'être petites mais d'une très grande densité. Selon les Dogons, cette étoile mettrait cinquante années pour faire le tour de Sirius A. Les Dogons célèbrent d'ailleurs cet événement particulier tous les 50 ans lors de la fête de "Sigui", qui a pour but de régénérer le monde.

La découverte de cette étoile ne remonte qu'à 1836, et elle a été identifiée comme une naine blanche en 1915. Ce n'est qu'en 1960 que la période de révolution de Sirius B autour de Sirius a pu être calculée avec précision, et cette révolution s'effectue en... 50 années ! Comment les Dogons pouvaient-ils connaître cette particularité depuis le début de leur histoire ?

Ce qui est encore plus stupéfiant, c'est qu'ils affirment que Sirius est accompagnée d'une troisième étoile que nous ne connaissons pas actuellement. Cette étoile, qu'ils appellent "Emma Ya", aurait, selon eux, une révolution de 32 ans autour de Sirius A. Elle orbiterait sur une trajectoire elliptique assez excentrique et perpendiculaire à celle de Sirius B !

Leur connaissance du système de Sirius est telle qu'ils possèdent des dessins et des cartes à ce sujet. Mais ce n'est pas tout, ils prétendent que "Emma Ya" possède plusieurs planètes en orbite autour d'elle, et que l'une d'entre elles est la planète d'origine de leurs "Dieux" et créateurs, qui seraient venus sur Terre dans un passé lointain à bord d'un vaisseau. Les Dogons décrivent avec précision l'arrivée de ce "vaisseau", qui a fait trembler le sol dans un bruit assourdissant et soulevé des nuages de poussière dans le ciel. Aujourd'hui, nous savons qu'il s'agit des caractéristiques d'un atterrissage, mais comment les Dogons pouvaient-ils le savoir depuis toujours, sinon par la transmission d'un événement vécu ?

À ce jour, nous ne savons toujours pas si une troisième étoile, Sirius C, existe réellement, et encore moins si une planète habitée se trouve dans son orbite. Certains astronomes commencent à soupçonner qu'il pourrait effectivement y avoir une étoile "Sirius C" tournant autour de Sirius A. Deux astronomes de l'observatoire de Nice, Jean-Louis Duvent et Daniel Benest, évoquent également la probabilité de l'existence d'une troisième étoile dans l'environnement de Sirius. Si cette découverte était confirmée, elle viendrait corroborer le mystérieux savoir des Dogons.

Les ethnologues ont interrogé les anciens prêtres Dogon sur l'origine de leur savoir étonnant, et la réponse fut édifiante : ils affirment que ce savoir leur a été transmis directement par les "Nommo", leurs créateurs et les "pères" de l'humanité.

Il est indéniable que la connaissance astronomique très avancée des Dogons interpelle. Ils savent depuis toujours que la Voie lactée est animée d'un mouvement en spirale, auquel notre système solaire participe. Ils savent que les étoiles sont des corps en mouvement perpétuel, que la Terre tourne autour du soleil, que la Lune est une planète morte, que Jupiter possède quatre satellites principaux et que Saturne possède des anneaux. Mais ce n'est pas tout, ils connaissent également les différentes phases de Vénus et prétendent que cette planète a un compagnon, peut-être l'astéroïde Toro, récemment découvert. Ils connaissent aussi les quatre plus gros satellites de Saturne, bien qu'ils ne soient pas visibles à l'œil nu. Ils divisent le ciel en 22 parties égales et en 266 constellations... Impressionnant ! Il est évident que les Dogons n'ont pas pu acquérir de telles connaissances par eux-mêmes. Nous sommes donc obligés de conclure qu'ils les ont obtenues d'une autre source...

Leur savoir est-il réellement le résultat d'un enseignement extraterrestre, comme ils le prétendent ? C'est une hypothèse crédible, du moins selon Marcel Griaude, qui n'hésite pas à affirmer que les Dogons ont bel et bien acquis leur savoir auprès de créateurs venus d'une autre planète.

Évidemment, pour notre culture occidentale, très conditionnée, cette hypothèse semble peu plausible... Mais n'est-ce pas précisément notre conditionnement absurde qui nous éloigne de la vérité ?

Le savoir ancestral, étendu et précis des Dogons ne peut pas s'expliquer de manière rationnelle. Étant donné qu'ils n'ont évidemment pas pu inventer cette connaissance, elle doit forcément avoir une source ! Depuis le début de leur histoire, ils savent qu'il existe d'autres planètes habitées en dehors de la nôtre, une idée que nos scientifiques n'ont toujours pas officiellement acceptée.

Le sage Ogotemmeli, initiateur de Griaude, lui raconta que leurs ancêtres étaient des amphibiens, d'où leur célébration de l'anniversaire de leur arrivée sur Terre sous le nom de "jour du Poisson". Est-il possible de rapprocher ces amphibiens de ceux de la tradition sumérienne qui mentionne "Oannes", l'homme-poisson qui est venu à plusieurs reprises pour instruire les humains ?

Les "Nommo" seraient les créateurs du premier couple humain, qui aurait ensuite engendré les ancêtres de l'humanité. Ils auraient également apporté des plantes et des animaux de leur planète d'origine. Une fois leur mission accomplie, les "Nommo" seraient retournés sur leur planète.

Les récits et les connaissances extraordinaires des Dogons continueront certainement à alimenter la polémique pendant longtemps encore.

En Amérique centrale

Les civilisations précolombiennes englobent les peuples d'Amérique du Sud, tels que les Olmèques, les Toltèques, les Zapotèques, les Mixtèques, les Aztèques et les Mayas, ainsi que les peuples des Andes, tels que les Incas, les Moches, les Chibchas et les Cañaris. Toutes ces civilisations possédaient une cosmogonie et des légendes qui se rejoignent en bien des points.

De toutes les cultures précolombiennes, la civilisation Maya est considérée comme l'une des plus avancées. Ce peuple possédait des traditions religieuses et une cosmogonie qu'il a conservées jusqu'à l'arrivée des Espagnols. Malheureusement, la plupart de leurs écrits ayant été brûlés par les conquérants, leurs croyances nous restent assez méconnues.

Grâce à deux textes miraculeusement préservés, nous possédons néanmoins quelques éléments sur leur mythologie. Le plus important de ces textes, le Popol Vuh, raconte les mythes de la création de la Terre et de l'Homme, ainsi que les aventures des deux dieux jumeaux Hunahpu et Ixbalanque. Nous savons aussi que pour eux, le cosmos était divisé en trois mondes différents : le monde inférieur, la Terre et le ciel.

Les Mayas racontèrent aux Espagnols que leur dieu Hunahpu leur apporta le maïs et le cacaoyer.

Le dieu-serpent est présent dans pratiquement toute l'Amérique précolombienne. Connu principalement sous le nom de Quetzalcóatl, il est l'un des protagonistes du mythe de la création de la Terre et des hommes. Selon les Aztèques et les Toltèques, c'est aussi lui qui leur aurait apporté le maïs.

Le dieu principal des Incas du Pérou est Viracocha, qui correspond au Quetzalcóatl des

Mayas. C'est sa fille Mana Oella qui aurait introduit et enseigné l'agriculture et aurait apporté la patate dans la région du lac Titicaca.

Les Aztèques du Mexique affirmaient dans leur cosmogonie que le monde avait eu un commencement, qu'il avait connu les ténèbres avant d'être éclairé par les dieux, et qu'il avait déjà vécu quatre destructions complètes. Quetzalcóatl serait également venu leur enseigner l'agriculture, les lois, les arts et l'architecture. Il aurait aussi prôné la paix et enseigné une forme de religion. Il apparaît en outre comme le constructeur des villes et des temples, et serait le concepteur du calendrier.

Bien qu'associé traditionnellement au serpent à plumes, Quetzalcóatl apparaît le plus souvent sous forme humaine. Il est décrit comme un homme grand et barbu, qui semble être arrivé au Mexique par la mer, à bord d'un bateau qui se déplaçait tout seul...

Selon le chroniqueur espagnol Bernardino de Ribeira, plus connu sous le nom de Bernardino de Sahagun (1499-1500), Quetzalcóatl fut le civilisateur du peuple Maya. Cet "Homme-Dieu" serait arrivé au Mexique accompagné d'une cohorte de ses semblables.

Nous retrouvons toujours cette même histoire auprès de toutes les anciennes civilisations de par le monde, et qui date d'une époque antédiluvienne. Les anciens "dieux", comme Quetzalcóatl, paraissent avoir eu une mission civilisatrice universelle, dont ils se seraient parfaitement acquittés, apportant l'agriculture, les arts, l'architecture, les mathématiques, l'astronomie...

Au Tibet

Selon les traditions tibétaines, une civilisation avancée aurait existé il y a plus de 200 000 ans à l'emplacement actuel du désert de Gobi.

Le philosophe Georges Gurdjieff (1872-1949) rapporte dans son livre "Rencontre avec des hommes remarquables" un certain nombre d'anecdotes issues de son voyage dans le désert de Gobi. Il raconte que les habitants locaux se transmettaient l'histoire ancestrale de ces lieux et qu'il était question de villes antiques développées et prospères, aujourd'hui englouties sous le sable du désert.

Il est probable que si de telles cités ont existé à une époque aussi reculée, les ruines doivent être enfouies très profondément sous le sable.

Baird Thomas Spalding (1872-1953) est un écrivain américain connu pour son ouvrage "La Vie des Maîtres", dans lequel il relate ses voyages en Chine et dans le désert de Gobi. C'est précisément en 1894 qu'il entreprend son voyage initiatique aux confins du Tibet et de l'Himalaya, au cours duquel il aura accès à quelques archives conservées dans des temples tibétains. Il fait état de milliers de tablettes et autres supports couverts de glyphes, soigneusement préservés par les moines. Ceux-ci lui auraient appris que les plus anciennes de ces tablettes remontaient à l'époque de la venue sur Terre d'êtres civilisés venus d'une autre planète.

Les lamas avançaient la date de - 45 000 ans pour ces textes primitifs. La langue utilisée serait le "Naacal", la langue sacrée des prêtres de Mu, le continent disparu.

À travers la lecture qu'ils en ont faite, ils sont convaincus que toutes les civilisations et croyances religieuses proviennent d'une seule et même source.

Pour eux, le dernier peuple à avoir occupé le site de Gobi libre de sable était civilisé et florissant, et maîtrisait parfaitement les sciences et les arts.

Les moines expliquent que la destruction de cette civilisation est due à un grand cataclysme brutal et dévastateur qui a ravagé tout sur son passage. Seuls les rares habitants des hautes montagnes ont survécu.

En Inde

Les textes sacrés constituent sans aucun doute l'un des piliers les plus anciens de la sagesse de l'humanité. Les plus connus de ces textes sont les Védas, qui signifient "savoir" ou "connaissance" en sanskrit. Ce sont les plus anciens livres sacrés et la source de la plupart des philosophies et religions anciennes de l'Inde.

Les connaissances véhiculées par les Védas proviennent de transmissions orales millénaires, qui ont été transcrites ultérieurement en sanskrit. Les parties les plus anciennes dateraient du XVIIIe siècle avant notre ère, tandis que les plus récentes remonteraient au IIIe siècle avant notre ère.

Ces textes offrent de profondes réflexions sur le sens de la vie humaine, sur l'indissociabilité du bien et du mal, sur l'ordre que chacun doit suivre dans la pratique de sa vie, et bien d'autres sujets encore. Ils révèlent également les secrets de la création, les lois de la transmigration et de la destinée des âmes, ainsi que les lois qui régissent le mouvement des astres. On y apprend, par exemple, que Brahma crée et recrée le monde à intervalles réguliers, que l'âme est immortelle et que le but ultime est de s'unir à l'absolu, l'éternel et l'immuable, condition nécessaire pour se libérer du cycle des réincarnations.

Les textes védiques laissent entendre que des civilisations avancées existaient déjà plusieurs milliers d'années avant le déluge. Des récits tirés des écritures sacrées du Tamil Nadu, un État du sud de l'Inde, font référence à un grand déluge qui aurait englouti le Kumari Kandam, un continent légendaire situé au sud du pays.

En 1947, un navire d'exploration suédois a effectué des prélèvements marins au sud-est du Sri Lanka, révélant l'existence d'un plateau de lave durcie s'étendant sur plusieurs centaines de kilomètres. La gigantesque éruption qui aurait produit cette étendue de lave pourrait correspondre à l'engloutissement du Kumari Kandam, corroborant ainsi les légendes védiques.

Le Mahabharata, littéralement "La Grande Guerre des Bhārata", est une épopée sanskrite de la mythologie hindoue répartie en dix-huit livres. Il est considéré comme le récit sacré le plus long jamais écrit. La rédaction de cette œuvre est estimée entre le VIe siècle et le IIe siècle avant notre ère. Cependant, les événements guerriers entre les Pandava et les Kaurava remonteraient selon les historiens indiens entre le Ve et le IIe millénaire avant notre ère, tandis que les occidentaux les situent seulement un millénaire avant notre ère. Les circonstances entourant la rédaction de ces récits et leurs auteurs restent largement inconnues, mais on sait qu'ils sont issus de nombreuses traditions orales très anciennes.

Le Râmâyana, qui signifie "le parcours de Râma", est également une épopée mythologique en langue sanskrite qui aurait été composée à partir du IIe millénaire avant notre ère. Ainsi, la date de l'épopée primitive du Mahabharata est antérieure à celle du Râmâyana, tout comme les événements eux-mêmes.

Le Râmâyana et le Mahabharata racontent l'histoire du monde jusqu'à la vie de Rama et décrivent les désastres causés par la grande guerre qui a marqué cette époque lointaine, opposant les peuples de la Terre aux "Dieux" venus du ciel et utilisant des armes destructrices.

Ces textes appartiennent à la littérature Itihasa, terme qui signifie "cela s'est réellement passé" en sanskrit. Cela signifie que, selon l'esprit du peuple indien, les événements relatés dans le Mahabharata et le Râmâyana se sont réellement produits.

Comment ne pas s'étonner qu'il soit fait mention de "vimanas", qui signifient littéralement "chars du ciel". Il s'agissait de véhicules capables de se déplacer dans les airs, utilisés à la fois pour le transport et pour la guerre. Comment les auteurs du Mahabharata, à l'époque où ces poèmes ont été écrits, ont-ils pu imaginer de telles possibilités technologiques ? Étaient-ils visionnaires ou ont-ils simplement rapporté une histoire basée sur des faits réels ?

À travers ces récits, nous apprenons qu'il existait différentes catégories de véhicules, animés par des technologies différentes en fonction de leur utilisation. Il y avait des vimanas individuels, d'autres destinés au transport et d'autres encore pour le combat aérien.

Apparemment, les concepteurs de ces vimanas devaient être très avancés, car les récits parlent de véhicules capables de voler par leurs propres moyens sur de très longues distances, voire de rejoindre d'autres planètes. Ils se déplaçaient à la vitesse du vent, produisant un son mélodieux. Ces vaisseaux étaient construits selon des critères de poids précis et pouvaient réaliser des prouesses telles que décoller à la verticale, se déplacer dans toutes les directions, s'immobiliser instantanément ou devenir invisibles...

Il est également mentionné que les vimanas étaient stockés dans des bâtiments spécialement conçus pour faciliter leur atterrissage et leur décollage.

Le Râmâyana décrit également les armes dévastatrices utilisées par les combattants, capables de tuer plus de 100 hommes à la fois. Les "dards" des vimanas émettaient des rayons de lumière qui brûlaient instantanément leurs cibles.

Il est fait référence à un certain "Gurkha" qui, à bord de son puissant vimana, a lancé un seul projectile d'une immense puissance contre trois cités ; immédiatement, une énorme colonne de feu et de fumée s'est élevée dans le ciel... Les trois cités et tous leurs habitants ont été réduits en cendres instantanément. Les rares survivants ont perdu leurs ongles et leurs cheveux et sont morts rapidement. Les animaux et les oiseaux n'ont pas échappé à la mort, l'eau et l'air ont été pollués, et toute la nourriture a été infectée.

Si l'on sort le récit de son contexte mythique, cela rappelle la description de la destruction d'Hiroshima et de Nagasaki !

Que doit-on penser d'une telle description aussi avant-gardiste ? Le peuple indien ne se pose pas ce genre de question et ne rejette rien de ces récits qu'il considère comme authentiques. Il en va tout autrement de notre culture occidentale qui les considère seulement comme une épopée romanesque.

Aucun peuple n'échappe à ses mythes fondateurs, certains relèvent sans doute de l'imaginaire, mais d'autres sont basés sur une réalité historique.

7 CONTINENTS ET CIVILISATIONS DISPARUS

Des ruines inconnues

L'hypothèse selon laquelle des civilisations hautement avancées ont existé sur Terre dans des temps très anciens est loin d'être aussi ridicule qu'il n'y paraît. Il convient de rappeler que la Terre a une histoire de 4,5 milliards d'années et que celle-ci est encore largement méconnue. Selon les évolutionnistes, le genre Homo serait apparu il y a environ 2,8 millions d'années, mais cette estimation repose uniquement sur quelques ossements. Comme nous le découvrirons dans les prochains chapitres, de nombreux indices remettent en question les théories officielles, défendues avec ténacité par les gardiens du dogme.

Personne ne conteste que les bouleversements géologiques majeurs subis par notre planète, ainsi que les nombreux cataclysmes, aient entraîné à maintes reprises la disparition de presque toutes les formes de vie. Au fil du temps, il est évident que la grande majorité de ces traces ont disparu, soit enfouies en profondeur, soit recouvertes par les océans. Cependant, suffisamment d'indices, de preuves et de ruines subsistent pour étayer l'hypothèse d'anciennes civilisations disparues. Les données compilées sur Terre et dans les profondeurs marines en témoignent.

Certaines ruines sont si anciennes que nous ignorons tout de leur origine. Des vestiges de constructions inconnues gisent au fond des mers et des océans. Et qui dit vestiges ou sites antiques, dit aussi anciennes populations et civilisations.

Si dissimuler des artefacts gênants peut être facile, il est impossible de faire disparaître des ruines, surtout si elles sont imposantes ! De nouveaux vestiges immergés sont régulièrement découverts dans les eaux des mers et des océans du monde entier. Rien qu'en Méditerranée, on estime qu'il en existe plus de 150.

Bon nombre de ces ruines dépendaient de territoires depuis longtemps engloutis, où vivaient autrefois plusieurs milliers, voire des centaines de milliers d'habitants.

La plupart du temps, ces vestiges n'intéressent pas les scientifiques, soit parce que leurs emplacements rendent difficiles les recherches, soit parce qu'il n'existe pas de réelle volonté de les étudier. Il est vrai que ces vestiges n'entrent pas dans le cadre de l'histoire officielle de l'humanité, du moins d'un point de vue conventionnel. Leur existence même plaide en faveur d'une datation extraordinaire ancienne, souvent antérieure au déluge.

Ces découvertes contribuent cependant à renforcer les preuves de l'existence de cultures et de civilisations inconnues et disparues. Il est peu probable qu'il s'agisse de simples chasseurs-cueilleurs, car la taille et la géométrie des ruines immergées témoignent plutôt de populations possédant une technologie et des connaissances avancées.

Le fait que ces sites soient submergés suggère qu'ils remontent à des milliers, voire à des dizaines de milliers d'années, bien avant la civilisation sumérienne.

Quand et par qui ont-ils été construits ?

Nous savons que pendant la dernière ère glaciaire, le niveau des mers et des océans était beaucoup plus bas qu'aujourd'hui. La fonte des importantes couches de glace recouvrant le nord de l'Europe et de l'Amérique a entraîné une montée significative des eaux, recouvrant ainsi de nombreuses traces du passé.

Des séismes d'origines diverses ont également provoqué l'effondrement de terres émergées, d'îles entières ou de morceaux de continents.

Quelle que soit la cause de leur immersion, ces sites attendent d'être explorés.

Nous allons maintenant passer en revue une liste non exhaustive de ces indices, tant sur les fonds marins que sur les terres émergées.

Au fond des océans

L'océan Pacifique, le plus vaste de tous, s'étend sur 166 241 700 km², soit environ un tiers de la surface totale de la planète. Contrairement à une idée reçue, cet océan est loin d'être un désert archéologique. En réalité, l'hypothèse selon laquelle un vaste territoire est englouti sous les eaux repose sur un solide faisceau de présomptions. Des milliers de fragments d'îles parsèment l'immensité de cet océan, depuis les côtes de la mer de Chine jusqu'à celles de l'Amérique du Sud et de l'Australie. De nombreux monuments anachroniques, constructions cyclopéennes, ruines mégalithiques et vestiges qui semblent remonter à la nuit des temps y ont été répertoriés.

L'Océanie, souvent considérée comme le cinquième continent, est le nom attribué à ces milliers d'îles. Elle s'étend sur 8 525 989 km² et regroupe toutes les terres situées entre l'Asie et l'Amérique, ainsi qu'une partie de l'archipel malais. L'Océanie comprend l'Australie, la plus grande île de la planète, la Nouvelle-Zélande, la Papouasie-Nouvelle-Guinée et près de 30 000 îles et îlots. Ces îles, parfois séparées de plusieurs milliers de kilomètres, sont traditionnellement réparties en trois groupes : la Polynésie, la Mélanésie et la Micronésie.

• La Polynésie est le plus grand des trois groupes, regroupant un ensemble d'îles situées principalement au sud de l'équateur, notamment la Nouvelle-Zélande, les îles Hawaï, Rotuma, les îles Midway, les îles Phœnix, les îles de la Ligne, les îles Samoa, les Tonga, les Tuvalu, les îles Cook, Wallis-et-Futuna, les Tokelau, Niue, la Polynésie française et l'île de Pâques.

• La Mélanésie située au sud de l'équateur, comprend la Nouvelle-Guinée, la Nouvelle-Calédonie, les îles du détroit de Torrès, le Vanuatu, les Fidji et les îles Salomon.

• La Micronésie est composée de 607 îles réparties sur 2 860 km, comprenant les Mariannes du Nord, Guam, Wake, les Palaos, les îles Marshall, les îles Gilbert ainsi qu'une partie des Kiribati, Nauru et les États fédérés de Micronésie. La plupart de ces îles se trouvent au nord de l'équateur. Bien que les terres émergées ne représentent que 702 km², elles regorgent de vestiges archéologiques.

En Polynésie

Ha'amonga 'a Maui

Les 176 îles des Tonga sont dispersées sur plus de 700 000 km² dans le sud de l'océan Pacifique. Sur la plus grande d'entre elles, l'île de Tongatapu, située à environ 30 km de Nuku'alofa, la capitale, se trouve un monument mégalithique très curieux appelé Ha'amonga 'a Maui. Il s'agit d'une structure composée de deux pierres verticales sur lesquelles repose une troisième pierre horizontale, formant un trilithon. Les trois dalles sont en calcaire de corail. Le linteau, placé horizontalement sur les colonnes, mesure 5,8 m de long et pèse environ 9 tonnes. Chaque dalle verticale mesure environ 5,2 m de haut et 1,4 m de large, pour un poids de 30 à 40 tonnes... Parmi les nombreuses légendes entourant le Ha'amonga 'a Maui, la plus connue prétend que ce trilithon a été construit par un demi-dieu nommé Maui, et il est dit qu'aucun être humain n'aurait été capable de manipuler de tels blocs. Des trilithes préhistoriques similaires se trouvent dans différentes régions du monde. Les questions qui se posent sont toujours les mêmes : quand, pourquoi et par qui ces structures ont-elles été érigées ?

Ruines de constructions pyramidales

L'île Malden est située dans le centre de l'océan Pacifique, à 450 km au sud de l'équateur. Il s'agit d'un petit atoll triangulaire d'environ 39 km², totalement aride et inhabité, qui ne s'élève pas à plus de 10 mètres au-dessus du niveau de la mer à son point culminant. Cet atoll fait partie des îles de la Ligne, appartenant à la République de Kiribati. Les Kiribati se composent de trois archipels, comprenant les îles Gilbert, les îles Phœnix et les îles de la Ligne, soit au total une trentaine d'îles et d'îlots, dont la plupart se situent à peine au-dessus du niveau de la mer. Lorsque les Européens ont découvert l'île Malden au début des années 1800, elle était inhabitée, mais parsemée de curieuses structures en ruines, principalement au nord et au sud. Environ vingt sites ont été recensés, comprenant des plateformes, des murs en ruines et des tumuli anciens. Les plateformes mesurent de 3 à 9 mètres de hauteur, de 18 à 56 mètres de largeur et de 25 à 60 mètres de longueur. Certaines évoquent la forme d'une pyramide tronquée. Sur cette même île, des traces de routes pavées subsistent, se dirigeant vers la mer et pouvant peut-être se prolonger au-delà, avant que le niveau de l'eau ne monte dans un passé lointain.

Une route antique et des ruines

L'île de Rarotonga, située à 1 130 km au sud-ouest de Tahiti, est la plus grande des îles Cook, avec un peu plus de 30 kilomètres de circonférence. Une ancienne route pavée fait le tour complet de l'île. Bien qu'une grande partie de celle-ci soit désormais recouverte d'asphalte, quelques sections pavées de pierres et de galets sont encore préservées. Sur l'île, on a également découvert plusieurs petites pyramides à degrés en ruines. Les habitants locaux considèrent ces constructions comme existantes depuis toujours, mais ils ignorent leur origine.

Le Marae Mahaiatea

On trouve des plateformes tronquées et pyramidales, appelées "maraes", sur toutes les îles de la société. Elles sont constituées de pierres mégalithiques parfaitement agencées. Le Marae Mahaiatea à Tahiti était le plus grand marae répertorié, mais malheureusement, il a été détruit à la fin du XIXe siècle. Il était construit à partir de blocs de corail et de pierres volcaniques taillées, mesurant environ 20 mètres de large à la base et s'élevant à une hauteur d'environ 15 mètres.

Le Marae Taputapuatea

Situé sur l'île de Raiatea, la plus grande des îles sous le vent, le Marae Taputapuatea mesure un peu plus de 7 mètres à la base et un peu moins de 4 mètres de hauteur. Il a été construit sur une plateforme plus ancienne, considérée comme l'une des plus grandes de toute la Polynésie.

Des plateformes artificielles

Sur l'ensemble des îles Marquises, on trouve plusieurs centaines de plateformes en pierre similaires. La plupart d'entre elles sont en ruines, abandonnées ou recouvertes par la végétation. Certaines d'entre elles sont de nature cyclopéenne et renferment des blocs de basalte pesant plus de 10 tonnes. Elles témoignent toutes de manière silencieuse d'une culture depuis longtemps disparue.

En Mélanésie

Des monticules artificiels

Sur l'île des Pins, en Nouvelle-Calédonie, on a recensé 400 monticules artificiels. Il ne s'agit pas de tumulus car aucune sépulture n'a été retrouvée à l'intérieur. On ignore qui les a construits, quand et dans quel but. Ces constructions circulaires ont un diamètre de 10 à 50 mètres et les plus hauts mesurent un peu moins de 5 mètres. Ce sont des monticules construits par l'homme, car on y trouve des cylindres étranges en mortier de chaux contenant des coquillages. La datation au carbone 14 de ces coquillages oscille entre -5 100 et -11 000 ans avant notre ère. On peut se demander quelle population fréquentait l'île à une époque aussi lointaine.

Le Monolithe de Wasavula

Vanua Levu, avec une superficie de 5 587 km², est la deuxième plus grande île des Fidji. Sur cette île, à une courte distance de la ville de Labasa, se trouve le site de Wasavula, caractérisé par un monolithe sacré. Il s'agit d'un cylindre de pierre d'environ 2,20 mètres de hauteur, légèrement arrondi au sommet, ressemblant à une pierre phallique. Il existe deux autres pierres similaires sur l'île, bien que plus petites, mais elles sont maintenant perdues dans la végétation. Les habitants ne connaissent rien de l'histoire et de l'origine de ces monolithes. Ils affirment qu'ils étaient autrefois entourés d'autres constructions, dont seuls quelques murets subsistent aujourd'hui.

Un portique de pierre

Les îles Tonga sont au nombre de 150. Ongatapu, avec ses 260 km², est la plus grande de toutes. Il s'agit en réalité d'un atoll de corail surélevé, dont le point culminant ne dépasse pas 82 mètres.

La côte Est de l'île concentre un nombre impressionnant de sites archéologiques, dont les monumentales pyramides de pierre de Mu'a, censées renfermer d'anciennes sépultures de rois. Les deux sites les plus impressionnants sont Paepae'o Tele'a et Ha'amonga'a Maui.

Des blocs de pierre pesant près de 40 tonnes ont été utilisés, bien que la pierre soit naturellement absente de l'île. Un autre monument est constitué de trois monolithes monumentaux. Les deux piliers ne pèsent pas moins de 70 tonnes, et le bloc posé dessus, 25 tonnes. L'endroit le plus proche où de tels blocs peuvent être trouvés se situe à plus de 300 kilomètres. Les mêmes questions se posent: quel peuple aurait pu surmonter un tel défi? Il a fallu extraire ces énormes blocs, les transporter par mer et par terre, et les ériger une fois sur place. À moins qu'à l'époque lointaine où cette opération a été réalisée, l'île ne faisait pas partie d'un territoire beaucoup plus vaste, dont il ne reste rien depuis longtemps.

En Micronésie

La cité de Nan Madol

Aujourd'hui en ruine, elle se trouve dans la partie sud-est de l'île de Pohnpei, autrefois appelée

Ponape. Le nom "Nan Madol" signifierait "intervalles" dans la langue autochtone, en référence probablement aux canaux présents sur le site. Nan Madol s'étend sur 1,5 kilomètre de long pour environ 0,5 kilomètre de large, et couvre plus de 18 km². La cité se caractérise par ses murs cyclopéens et plus de 100 îlots artificiels, qui sont des plates-formes de pierre et de corail bordées de canaux.

Les murs cyclopéens de la cité sont constitués de colonnes carrées en pierre. Les bâtisseurs ont utilisé des blocs de lave qui se sont fissurés naturellement en colonnes à pans coupés lors de leur refroidissement.

On ignore où exactement les blocs ont été extraits, mais aucun site d'extraction ne se trouve dans la région proche de leur mise en œuvre. Il a donc fallu extraire ces blocs gigantesques, dont certains pèsent jusqu'à 50 tonnes, et les transporter. Comment ? Par quels moyens ? On l'ignore. Ensuite, il a fallu les ériger et les ajuster soigneusement les uns aux autres.

Les archéologues sont loin d'avoir résolu le mystère de Nan Madol. Pourtant, ils avancent arbitrairement que le site aurait été construit vers l'an 1 200. Comment cette date a-t-elle été déterminée ? Mystère, car bien qu'il soit possible de dater la lave, il est impossible de dater son utilisation. Selon le récit des autochtones, Nan Madol remonte à une antiquité très lointaine, sans plus de précision, et ils ignorent comment cette vaste cité lacustre a été construite.

La cité antique d'Insaru

Elle est située sur l'île de Lelu, à l'est des îles Carolines, et est souvent considérée comme la cité jumelle de Nan Madol. Les vestiges d'Insaru se composent de hauts murs et d'énormes pyramides en basalte, parcourus par un réseau de canaux et de routes pavées. Ces ruines présentent en effet des similitudes avec celles de Nan Madol, bien que moins étendues. Certains murs dépassent les 6 mètres de hauteur et, tout comme à Nan Madol, ils sont construits à partir de colonnes massives de basalte pesant jusqu'à 50 tonnes. L'origine de ces blocs demeure inconnue. Selon une légende, la ville aurait été construite en une seule nuit par deux magiciens.

Les terrasses et pyramides de Palau

Sur les îles de Palau ou Belau, à l'ouest des Carolines, une partie des terres a été étrangement aménagée en terrasses, tandis que des collines entières ont été sculptées en forme de pyramides. Les terrasses atteignent une hauteur allant jusqu'à 5 mètres et une largeur de près de 20 mètres. Les populations locales ignorent totalement l'âge et l'usage de ces constructions, ainsi que leurs créateurs.

Le site mégalithique de Bairulchan

Ce site se trouve sur l'île de Babeldaob ou Babelthuap, la plus grande île des Palaos. Il est constitué de deux rangées d'énormes monolithes en basalte, soit 37 au total, dont certains pèsent près de 5 tonnes. Certains de ces monolithes présentent des traces de sculptures faciales. Des monolithes identiques se trouvent également sur les îles de Vao et de Malekula dans l'archipel du Vanuatu. Aucune tradition ne fait état de leur origine.

Les pierres de Latte

Près du Japon, dans l'océan Pacifique, se trouvent les îles Mariannes. Sur la plupart de ces îles, on trouve d'étranges structures mégalithiques appelées "pierres de Latte" dans la langue du peuple autochtone chamorro. Il s'agit de colonnes de pierre dressées, mesurant de 1,5 mètres à plus de 3,5 mètres, dont certaines pèsent plus de 30 tonnes. À l'origine, ces colonnes étaient toutes surmontées d'un chapeau de pierre semi-circulaire appelé "tasa". Les anciens Chamorros utilisaient ces colonnes comme bases pour surélever leurs maisons et se protéger des inondations.

Les archéologues ont arbitrairement daté ces "pierres de Latte" d'une période allant de - 800 à -1 700 avant notre ère. Cependant, l'âge réel de la taille et de l'érection de ces colonnes reste inconnu.

Ces sites sont parmi les plus connus, mais d'autres ruines similaires existent sur de nombreuses autres îles et atolls, et elles sont toutes en très mauvais état. Il est possible que ces îles ne soient que les vestiges d'un ancien continent depuis longtemps disparu, qui aurait été peuplé par une seule et même civilisation à l'origine de ces énigmes.

Une telle interprétation est ignorée ou rejetée par la communauté scientifique, même si les géologues reconnaissent que l'océan Pacifique a connu d'importants bouleversements géologiques remontant à plusieurs dizaines de millions d'années. Mais cette époque serait bien trop ancienne pour avoir connu une présence humaine, encore moins une civilisation développée...

Certains peuples autochtones des îles du Pacifique conservent dans leurs récits la mémoire de ce vaste territoire disparu à la suite d'un cataclysme. Ils affirment que ces terres étaient habitées par leurs lointains ancêtres, qui possédaient un haut degré de civilisation, et qu'ils sont les constructeurs de tous ces monuments aujourd'hui en ruines. Ces îles ne seraient que les vestiges de ce continent disparu.

De nombreuses autres énigmes archéologiques alimentent une telle hypothèse.

Ainsi, des structures clairement non naturelles ont été découvertes dispersées au fond de l'océan. En voici quelques exemples:

Le labyrinthe de Kerama

Il y a quelques années, une découverte archéologique a été faite au large des côtes du Japon, à quelque distance des îles Kerama. À une profondeur située entre 25 et 35 mètres, on a découvert de curieuses structures de pierres aménagées en cercles. Le site est aujourd'hui connu sous le nom de « Labyrinthe de Kerama ». Certains détracteurs prétendent qu'il ne s'agit que de structures naturelles sculptées par l'érosion, alors que d'autres, dont des géologues, reconnaissent que ces structures ont été taillées artificiellement dans la roche. La seule chose dont on soit sûre est que cette terre était au-dessus du niveau de la mer il y a environ 10 000 ans.

La structure sous-marine de Yonaguni

En 1985, un plongeur japonais, Kihachiro Aratake, a fait par hasard une curieuse découverte sur le fond océanique, à l'extrémité sud de l'île Yonaguni, dans l'archipel japonais Ryūkyū. Il s'agit d'une vaste structure qui s'élève en paliers et en terrasses, et qui n'a rien de naturel. Cette structure, dont le sommet n'est qu'à 5 mètres de la surface, mesure environ 75 mètres de long sur 20 de large, et 25 mètres de haut.

Selon Masaaki Kimura, géologue japonais et professeur à l'université des îles Ryūkyū, il s'agit clairement d'un site artificiel travaillé par l'homme. On y décèle des sortes de voies pavées, des escaliers à angles droits et des trous ronds dans la roche, sans doute pour l'insertion de piliers. Pour certains, le site de Yonaguni pourrait bien avoir été une carrière dans laquelle des blocs furent extraits en exploitant les lignes de fractures naturelles de la roche, lesquels blocs furent déplacés pour permettre de quelconques constructions.

On a découvert aux alentours immédiats une tête humaine sculptée, ainsi que des signes gravés dans la roche, ce qui confirme que le site est bien le fruit d'un travail humain. Il ne peut s'agir que de l'œuvre d'un peuple très ancien puisque ce site n'a plus été à l'air libre depuis environ 12 000 ans!

La pyramide de Yonaguni

Dans les années 1990, à l'ouest de l'île, des plongeurs ont de nouveau fait une découverte déconcertante. Il s'agit cette fois-ci d'une pyramide géante faite de blocs de pierres rectangulaires. Cette pyramide mesure environ 183 mètres de côté et 28 mètres de hauteur. Il s'agit d'une pyramide à degrés, au nombre de 5, coiffée d'une plateforme. Des constructions similaires, mais de plus petites tailles (10 mètres x 2 mètres), ont été découvertes aux alentours.

Là encore, des géologues de l'université de Ryukyu ont conclu qu'il ne s'agissait pas de sites naturels, mais bien de constructions humaines. Cette partie de territoire a sombré sous les eaux il y a au moins 12 000 ans, lors de la dernière période glaciaire.

Selon l'histoire officielle du Japon, les premiers peuplements sont apparus dans des îles au sud-est de la péninsule coréenne, il y a environ 100 000 ans. Pourtant, selon la version occidentale officielle, le plus ancien peuple ayant fréquenté cette contrée est le peuple Jōmon, environ 13 000 ans avant notre ère, un peuple de chasseurs-cueilleurs tout à fait incapables de tailler et de déplacer de tels blocs cyclopéens... Alors, où est l'explication?

Les ruines englouties de Penghu

Penghu, autrefois Pescadores, se situe dans le détroit de Taïwan, à peu près à mi-distance entre Taïwan et la Chine. Cet archipel comprend environ 90 îles sur une bande de 22 kilomètres de large et environ 60 kilomètres de long. Le site où ont été découvertes les ruines a été localisé à environ 13 km à vol d'oiseau, au large de Magong, la ville principale de l'île de Penghu.

Il s'agit de murs en forme de croix, immergés à une profondeur située entre 25 et 30 mètres. Ces murs mesurent environ 160 mètres dans le sens ouest-est et environ 180 mètres dans le sens nord-sud, pour une épaisseur d'environ 1,5 mètre pour la partie supérieure et 2,5 mètres pour la base.

Au nord, on remarque une construction circulaire en ruine, d'un diamètre extérieur de près de 20 mètres, qui aurait pu être une tour à l'origine. La géométrie particulière et parfaite de la structure sous-marine, ainsi que le type d'assemblage des blocs de pierre, excluent qu'il puisse s'agir d'une formation naturelle, contrairement encore une fois aux allégations de certains scientifiques qui ne se sont même pas donné la peine d'aller étudier ces ruines in situ. Il s'agit là encore du témoignage de l'activité d'un peuple depuis très longtemps disparu. Pourquoi ne pas faire le parallèle avec de vieux mythes taïwanais qui parlent de leurs lointains ancêtres comme d'une civilisation légendaire engloutie sous les eaux de Penghu, il y a plusieurs millénaires?

Des terrasses sous-marines

À quelques encablures au large de Maobao, le village le plus à l'est de Taïwan, des terrasses sous-marines ainsi qu'un mur de pierre ont été repérés. Les deux structures sont clairement d'origine humaine.

Une construction mégalithique

Sous les eaux côtières de Taimali, dans le canton rural du comté de Taitung à Taiwan, une construction mégalithique plate d'environ 200 mètres de long a été découverte, ainsi qu'une plate-forme et une chaussée pavée. Une fois de plus, les traces laissées par des êtres humains dans un lointain passé sont évidentes.

Une construction pyramidale

La découverte a eu lieu au large du parc national de Kenting, dans la péninsule de Hengchun, à l'extrême sud de Taïwan. À une profondeur d'environ 20 mètres, un pêcheur a trouvé une structure de 15 mètres de hauteur et d'environ 40 mètres carrés de surface. Elle ressemble à une pyramide à degrés terminée par une plate-forme.

Des murs de pierres cyclopéennes

Des structures sous-marines étranges ont été découvertes au large des Bahamas, dans le célèbre triangle des Bermudes. Elles présentent une apparence géométrique et s'étendent sur plusieurs kilomètres. Des explorations plus approfondies ont révélé des murs de pierres cyclopéennes. La présence de plateformes, de routes, de ponts et de quais ne laisse aucun doute sur le fait qu'il s'agit de ruines de constructions humaines. De plus, une pyramide d'environ 300 mètres de côté et 200 mètres de hauteur a été découverte à proximité. Il est impossible d'estimer l'âge de ces constructions, mais elles remontent manifestement à plusieurs dizaines de milliers d'années, bien avant que ce territoire ne soit submergé.

Une cité submergée

En 2003, une société canadienne effectuant une exploration sous-marine à environ 80 km à l'est de la péninsule du Yucatan a découvert une cité submergée à une profondeur d'environ 630 mètres. Les constructions sont constituées de blocs de pierre taillés mesurant de 2 à 5 mètres de long et pesant plusieurs tonnes. Ces ruines remontent au moins à 6 000 ans avant notre ère, à une époque où le site était encore exposé à l'air libre.

Des preuves fossiles ont également été découvertes, notamment des ossements de stégodons, un pachyderme du Pléistocène, lors de fouilles dans la ville de Tainan, ainsi que des restes de mammouths dans le détroit de Taïwan. Des fossiles de bisons blancs ont également été trouvés. Ces animaux n'ont pas pu arriver sur cette île en nageant, ce qui constitue une preuve que cette île était reliée au continent asiatique dans un passé lointain.

Dans l'océan Indien

La légendaire cité de Dwarka

Les anciens récits de l'Inde, tels que le Mahabharata, la Bhagavad-Gita ou le Ramayana, racontent que Krishna avait autrefois établi une superbe cité au bord de la mer. Cependant, cette cité appelée Dwarka a toujours été reléguée au rang de mythe par les historiens.

Ce n'est plus le cas depuis peu, car il s'avère qu'elle a réellement existé, comme le témoignent ses ruines. Cette découverte est le fruit du hasard. Une équipe d'océanographes du National Institute of Ocean Technology, effectuant des mesures de pollution de l'eau dans le golfe de Khambhat, a enregistré des images acoustiques du fond marin. Quelques mois plus tard, en examinant les données, l'équipe a réalisé que les images obtenues révélaient ce qui semblait être les ruines d'une cité s'étendant sur environ 16 km². Après avoir exploré le site, les scientifiques ont publié un premier compte rendu de leurs recherches au début de l'année 2002. Les ruines se trouvent entre 30 et 40 mètres de profondeur au large du golfe de Khambhat et suivent les rives d'une ancienne rivière désormais submergée. Les découvertes comprennent:

Les vestiges d'un barrage situé sur le parcours de l'ancienne rivière.

Un grand édifice avec des marches effondrées, rappelant le Grand Bain de Mohenjo-Daro.

Un vaste édifice mesurant environ 200 mètres sur 45.

Un deuxième grand édifice d'environ 180 mètres.

Des rangées de fondations en ruines, probablement celles d'anciennes maisons.

Des murs en grès, des rues, des quais, un port, des réseaux de drainage, etc.

De plus, plus de 2 000 objets divers ont été récupérés, notamment des tessons de poterie, des figurines, des outils en pierre, des ornements, de l'ivoire, des pierres semi-précieuses, des dents, des restes humains et des morceaux de bois fossilisés. Les scientifiques ont prélevé des échantillons de bois et les ont envoyés à deux laboratoires spécialisés en datation: le Birbal Sahni Institute of Paleobotany de Lucknow et le National Geophysical Research Institute de Hyderabad. Le premier échantillon a été daté d'environ 7 190 ans avant notre ère, le second d'environ 7 545 ans avant notre ère, et les dents humaines de 10 500 ans avant notre ère... Des dates bien antérieures à ce que les scientifiques auraient pu imaginer. En effet, les premières installations urbaines sont censées avoir émergé en Mésopotamie il y a environ 4 000 à 4 500 ans avant notre ère. Cette civilisation de l'Indus aurait-elle précédé celle de Sumer? À moins de considérer, une fois de plus, que Sumer soit beaucoup plus ancienne que ce que l'on nous dit. Bien entendu, cette datation a suscité de nombreuses controverses, car il est facile de prétendre que les bois fossilisés ne sont pas nécessairement liés à la cité engloutie...

Les vestiges mis au jour prouvent que la ville devait être un port relativement important, compte tenu de la surface couverte. De plus, les aménagements, la taille des édifices et en particulier l'existence d'un barrage sur le cours de la rivière témoignent d'une civilisation avancée.

Selon le géologue et sismologue indien Harsh Kumar Gupta, la cité a probablement été engloutie à la suite d'un terrible tremblement de terre, comme la région en a connu par le passé.

En fin de compte, peu importe la cause de son immersion, la découverte d'une cité engloutie d'une telle importance, construite il y a si longtemps, remet totalement en question le cadre archéologique orthodoxe, selon lequel l'Inde aurait été peuplée à cette époque lointaine par des hommes primitifs vivant en petits groupes... La réalité semble, une fois de plus, bien différente de celle proposée par les archéologues dans le cadre de leur dogmatisme figé...

Les légendaires continents engloutis

Ces continents appartiennent-ils aux archétypes de l'imaginaire, ou existe-t-il un soupçon de crédibilité en faveur de leur existence passée? Plusieurs noms viennent à l’esprit: l'Atlantide, Mu, la Lémurie, pour ne citer que les plus connus... Tous ont donné lieu à une abondante littérature, parfois objective, parfois romancée. Cependant, nous ne devons pas perdre de vue que les "mythes" à l'origine de ces récits sont en partie corroborés par certaines découvertes géologiques ou archéologiques. Cependant, il serait hâtif d'en tirer des conclusions définitives, et je préfère laisser à chacun le soin de se faire une opinion. Est-ce que l'un de ces continents légendaires est plus crédible que les autres? C'est à vous de décider...

Mystérieuse Atlantide

"En l’espace d’un seul jour et d’une nuit terrible, tout ce que vous aviez de combattants rassemblés fut englouti dans la terre, et l’île Atlantide de même fut engloutie dans la mer et disparut." - Platon, Le Timée

Qu'il s'agisse d'un mythe de Platon ou des fragments d'une catastrophe bien réelle, l'Atlantide demeure un grand mystère qui continue de susciter beaucoup d'intérêt.

À l'origine, l'histoire de l'Atlantide fut racontée au législateur grec Solon (640-558 avant notre ère) par les prêtres égyptiens du temple de Saïs. De retour à Athènes, Solon transmet cette histoire à Critias l'Ancien, alors enfant, qui la transmet à son tour à son petit-fils Critias le Jeune, oncle de Platon.

Cette histoire parvient finalement à Platon, qui la fait connaître à travers l'un de ses dialogues, "Le Timée", puis la développe davantage dans "Le Critias".

L'Atlantide aurait été une île de la taille d'un continent, située autrefois au centre de l'océan Atlantique, avec pour capitale la cité de Poséidopolis.

Le plus ancien roi de l'Atlantide, nommé Atlas et descendant direct de Poséidon, aurait fait construire une cité parfaite organisée en cercles concentriques autour d'un temple dédié à Poséidon. La civilisation atlante, avancée et prospère, aurait vécu une longue période dorée empreinte de sagesse et de modération.

Cependant, plusieurs générations plus tard, la corruption et l'orgueil auraient fini par mettre fin à cet âge d'or. Les Atlantes auraient alors cherché à dominer de nouveaux territoires en Europe et en Asie, mais leur ardeur aurait été stoppée par une armée de guerriers athéniens. Courroucés par le comportement du peuple atlante, les dieux auraient décidé de le punir en déclenchant un cataclysme majeur qui aurait englouti à la fois les combattants, le peuple atlante et leur île toute entière.

Ainsi, cette civilisation avancée et prospère aurait été anéantie en un seul jour et une seule nuit, à la suite de tremblements de terre et d'inondations dévastatrices. Cet événement aurait eu lieu environ 9 000 ans avant Solon, soit vers 9 600 avant notre ère.

Bien que l'on attribue généralement à Platon la paternité de cette histoire, il semble que d'autres avant lui y aient fait allusion. Homère, dans l'"Odyssée" (VIIIe siècle avant notre ère), parle du pays des Phéaciens, qui serait en réalité l'Atlantide. Le poète grec Hésiode (fin du VIIIe siècle avant notre ère) en fait également mention dans sa "Théogonie". L'historien grec Diodore de Sicile (90 avant notre ère) en parle également dans le livre 5 de son "Histoire universelle".

Les anciens Égyptiens font référence à un continent détruit, autrefois situé à l'ouest, nommé Ahâ-Men-Ptah. Les anciens textes indiens évoquent également une guerre destructrice entre l'Empire de Rama et l'Atlantide, survenue entre -12 000 et -15 000 ans avant notre ère.

Comment ne pas s'étonner et s'interroger sur la multiplicité des sources et la concordance des récits ? N'est-ce pas une indication sérieuse de l'existence réelle de cette ancienne civilisation antédiluvienne ?

Cependant, pour les scientifiques défenseurs de la doctrine officielle, il ne fait aucun doute que l'Atlantide n'a jamais existé en dehors de l'imagination de Platon.

Heureusement, un certain nombre de scientifiques plus avant-gardistes, notamment des géologues, commencent à reconnaître, à la lumière des découvertes les plus récentes, qu'un tel continent a effectivement pu exister. Du point de vue géologique, il est évident qu'un petit continent ou une grande île a pu être englouti sous les eaux, un tel événement s'étant d'ailleurs produit à plusieurs reprises au cours de l'histoire de notre planète.

Indépendamment du monde scientifique, l'Atlantide a fait l'objet de nombreux ouvrages et de nombreuses théories quant à son emplacement possible. Certains avancent que les îles Canaries, l'île de Madère, les îles des Açores ou encore les Bermudes seraient les derniers sommets émergés de ce continent disparu.

Parmi les détracteurs de l'Atlantide, l'argument principal avancé est qu'il n'existe aucune preuve de l'existence de cette civilisation, et qu'il devrait y avoir des traces sur les fonds marins si l'Atlantide avait réellement existé au milieu de l'océan Atlantique.

Précisément, ces traces existent bien, sous forme de ruines, de murs cyclopéens, de pyramides, de colonnes de pierre, de routes, etc., et qui se trouvent au large des côtes du Maroc jusqu'aux îles Bahamas.

Nous avons des preuves photographiques de ces ruines, ainsi que des repérages géographiques précis, il suffit simplement que les scientifiques s'y intéressent. Ces éléments archéologiques sous-marins sont révélateurs d'un événement cataclysmique passé et constituent des preuves de l'existence d'un plateau continental qui était autrefois à l'air libre, où un peuple suffisamment avancé a pu construire ces monuments.

Jacques Collina-Girard, géologue et préhistorien, Maître de Conférences à l'université d'Aix-Marseille 1, est l'un des rares scientifiques à s'être officiellement intéressé à l'histoire de l'Atlantide. Il a écrit un livre intitulé "L'Atlantide retrouvée" dans lequel il reconstitue les fonds marins de l'océan Atlantique tels qu'ils étaient il y a 14 000 ans. Il met en évidence l'existence d'un territoire submergé au large de Gibraltar, d'une largeur d'environ 1 400 km et d'une longueur d'environ 3 000 km, soit plus de deux fois la taille de Madagascar.

Les premières preuves concrètes de l'existence d'un ancien plateau continental immergé au large des côtes africaines remontent à 1948, lorsque le navire de recherche océanographique Albatros a prélevé des échantillons des fonds marins. Les carottes prélevées ont révélé une épaisse couche de sédiments terrestres, contenant notamment des diatomées d'eau douce, sous une couche superficielle de sédiments marins, ce qui démontre que ce plancher sous-marin était autrefois à l'air libre.

Dans les années 1960, des recherches menées quelques centaines de kilomètres au large du Portugal ont également mis au jour de nombreux ossements, notamment d'éléphants, ce qui prouve une fois de plus qu'il devait exister des terres émergées dans cette partie précise de l'océan.

Plus près des côtes américaines, au large de Bimini, un archipel des Bahamas, des explorations ont révélé un ensemble de constructions en ruines. Ces découvertes ont été faites à la fin des années 1960 par un pilote qui aperçut sous les flots des formes géométriques intrigantes. Des expéditions de recherche ont été organisées et ont permis de découvrir diverses constructions antiques, en partie ensevelies sous les sables marins. Au fur et à mesure des nouvelles expéditions, de nouvelles découvertes ont été faites, telles que les ruines d'un port, le dallage d'une chaussée et des constructions en pierre parfaitement assemblées.

Cependant, les Bahamas ont décidé d'interdire de nouvelles explorations, gelant ainsi toute investigation et interprétation, ce qui semble arranger le monde scientifique et lui fournir une bonne raison de ne pas s'y intéresser.

Au début des années 1980, au large de l'île de Lanzarote, des ruines constituées d'énormes blocs de pierre ont été découvertes.

À la fin des années 1990, lors de la récupération d'un câble sous-marin par 3 000 mètres de fond au large des Açores, un morceau de lave vitrifiée a été remonté. La vitrification de la lave ne peut se produire qu'à l'air libre, ce qui prouve une fois de plus que cette partie de l'océan était émergée à une certaine époque, estimée à moins de 15 000 ans selon les spécialistes, le temps nécessaire à ce type de lave pour se désagréger au contact de l'eau de mer.

Enfin, au début des années 2000, lors d'une exploration à l'aide d'un sous-marin téléguidé, de nouvelles ruines ont été découvertes à une profondeur de 600 mètres au large de Cuba.

Il existe une documentation photographique importante, ainsi que des relevés topographiques, qui rendent ces découvertes incontestables. Alors pourquoi, me direz-vous, les scientifiques en général, et les archéologues en particulier, ne s'intéressent-ils pas à ces richesses immergées ?

Pour l'anecdote, je vais vous rapporter les bribes de discussions que j'ai eues à ce sujet, de manière indépendante, avec deux d'entre eux. Mon premier interlocuteur est une connaissance de longue date, mais nous n'avons jamais eu de discussions particulières en dehors de ses recherches classiques. J'ai décidé de lui parler de l'Atlantide et des découvertes faites sur les fonds océaniques. J'ai remarqué que son expression changeait, nous étions sur un terrain sensible. Il me fixa d'un air condescendant et me fit une réponse stupéfiante : "L'Atlantide ne relève pas de l'archéologie, et je m'étonne que tu puisses croire en de telles histoires, tout cela n'est que désinformation, il n'y a jamais eu de ruines sous l'Atlantique, sinon ça se saurait..." Et la conversation s'est arrêtée là... Je ne sais pas s'il s'était déjà intéressé à ce sujet, mais il ne voulait visiblement pas en discuter, jugeant sans doute que c'était indigne de son statut.

Mon deuxième interlocuteur, également archéologue, a été plus bavard et plus courtois, peut-être en raison de sa relative jeunesse. Lorsque j'ai abordé le sujet, il m'a répondu sans détour : "J'ai lu beaucoup de choses à ce sujet, ça m'intrigue, mais je n'ai pas de réponse à apporter. Il faudrait que j'aie accès à des études plus détaillées pour avoir un avis objectif, mais à ma connaissance, ces études n'existent pas." Il a ajouté, comme pour s'excuser : "Il y a beaucoup de choses que l'archéologie ne peut pas expliquer, nous sommes trop peu nombreux et nos ressources sont limitées pour mener à bien toutes les recherches. De plus, nous n'avons pas le choix de nos missions, elles sont définies en haut lieu..." Cette réponse ne m'a pas surpris, car il est évident que la science, quelle que soit la discipline, est étroitement encadrée. Pour un chercheur, il est difficile de s'écarter du chemin tracé, et certains ont l'honnêteté intellectuelle de l'admettre.

Le fait est que de nombreuses découvertes sont ignorées par les archéologues simplement parce qu'elles ne correspondent pas à leurs dogmes. Les arguments avancés concernant les ruines de l'océan Atlantique sont toujours les mêmes : ce ne sont que des formations rocheuses naturelles... aucun constructeur humain n'aurait été capable de les réaliser... À l'époque où ces terres étaient submergées, il n'y avait aucune civilisation, etc.

Malgré toutes ces dénégations, les faits demeurent, et ils sont tenaces ! Ces ruines existent bel et bien. On peut comprendre que ces structures posent de sérieux problèmes aux archéologues, et admettre leur existence reviendrait à reconnaître l'existence d'une civilisation avancée il y a 12 000 à 15 000 ans, bien avant notre ère ! Une hérésie pour le monde scientifique !

Mieux vaut s'arcbouter sur des positions archaïques et faire preuve d'une mauvaise foi évidente. Tant que l'Atlantide conservera son statut officiel de légende, cela continuera à arranger le monde scientifique.

L'Antarctique : un continent méconnu

Nombreux sont ceux qui prétendent avoir localisé l'Atlantide, chacun proposant ses arguments, mais à ce jour, aucune hypothèse n'a été confirmée et le mystère reste entier. Ces derniers temps, l'Antarctique est apparu comme une possible localisation. Ce continent, le plus méridional de la Terre, est très mal connu et quasiment inexistant sur les cartes. Il représente un territoire immense, couvrant environ 14 millions de kilomètres carrés, ce qui en fait le quatrième plus grand continent, plus vaste que l'Europe, mais entièrement recouvert d'une épaisse calotte glaciaire.

Environ 98% de sa surface est recouvert par la glace, avec une épaisseur moyenne de 1,6 kilomètre ! En conséquence, ce territoire reste largement inexploré, ce qui suscite de nombreuses hypothèses...

Cette particularité a engendré de nombreuses spéculations, notamment sur la possible localisation de l'ancienne Atlantide. Sur le plan géographique, les Terres Australes, autre nom de l'Antarctique, sont très montagneuses et sont même divisées en deux par une chaîne de montagnes. Le mont Vinson en est le point culminant, atteignant 4 892 mètres d'altitude. Plusieurs volcans, dont certains sont encore actifs, caractérisent ce continent. Le mont Erebus, situé sur l'île de Ross, est le volcan actif le plus austral de la planète. Autre particularité, les Terres Australes abritent plus de 70 lacs d'eau douce, dont le célèbre lac Vostok, découvert en 1996, qui est actuellement le plus grand des lacs subglaciaires connus.

De nombreuses particularités extrêmes font de l'Antarctique un continent vraiment à part. Il est situé à l'écart de tout, difficile d'accès et extrêmement inhospitalier, étant le plus froid, le plus sec, le plus venteux et celui avec l'altitude moyenne la plus élevée de tous les continents. Ces conditions particulières expliquent pourquoi il n'y a pas d'habitat humain permanent, et aucune population indigène sur ce territoire.

Officiellement, le continent Antarctique a été découvert au début du XIXe siècle, mais il avait été cité à plusieurs reprises au cours des siècles précédents.

Géographiquement, l'Antarctique s'est détaché de la Pangée il y a plus de 200 millions d'années, mais sa formation actuelle ne s'est achevée que depuis environ 25 millions d'années.

Pendant le Cambrien, (- 541 à - 530 millions d'années environ), la partie ouest du Gondwana, dont une partie deviendra plus tard l'Antarctique, était située en partie dans l'hémisphère nord et bénéficiait d'un climat tempéré. L'est du territoire se trouvait au niveau de l'équateur, avec un climat beaucoup plus chaud.

Au début du Dévonien, (- 416 à - 359 millions d'années environ), le Gondwana s'est déplacé vers des latitudes plus méridionales avec un climat plus frais.

La glaciation du continent a commencé vers la fin du Dévonien, (- 359 millions d'années environ), lorsque le Gondwana s'est déplacé autour du pôle Sud.

Un réchauffement vers la fin du Permien a conduit à un climat chaud et sec dans une grande partie du Gondwana. Ce réchauffement a entraîné la fonte de la calotte glaciaire, transformant une grande partie du supercontinent en désert.

Il faudra attendre le Jurassique, (- 203 à - 145 millions d'années environ), pour que le Gondwana commence à se disloquer et que l'Antarctique se forme véritablement. À cette époque, la végétation était abondante, et les forêts dominaient largement la partie occidentale.

Il y a environ 65 millions d'années, l'Antarctique était encore relié à l'Australie et jouissait d'un climat tropical, voire subtropical, avec une flore et une faune florissante. Vers - 40 millions d'années, une nouvelle fracture a séparé l'Australie et la Nouvelle-Guinée de l'Antarctique. Le déplacement du continent vers le sud s'est accompagné d'un refroidissement général, marquant le début de la glaciation. Il y a - 23 millions d'années, un passage s'est ouvert entre l'Antarctique et l'Amérique du Sud, achevant l'isolement du continent. La calotte glacière a progressivement pris de l'ampleur et les forêts ont disparu. La calotte a atteint sa configuration actuelle il y a environ 6 millions d'années.

Ainsi, l'Antarctique n'a pas toujours été un désert de glace. Pendant longtemps, elle a été couverte de forêts tropicales luxuriantes et a peut-être abrité une population indigène, voire une civilisation avancée.

Pendant longtemps, l'étude géologique de l'Antarctique était impossible en raison de l'épaisse banquise qui la recouvrait. Cependant, de nouvelles techniques permettent désormais d'obtenir des informations sur la surface du sol située sous la glace.

C'est précisément l'objectif de la mission IceBridge, dirigée par l'agence gouvernementale américaine, la NASA. Officiellement, le but de cette mission est d'étudier les glaces terrestres et marines de l'hémisphère sud.

Les vols IceBridge ont débuté en octobre 2009 avec un avion Douglas DC-8, auxquels se sont ajoutés d'autres aéronefs à partir de 2010. Les avions présentent l'avantage de pouvoir transporter davantage d'instruments que les satellites, et ils permettent de se concentrer sur des zones spécifiques plutôt que de suivre un itinéraire fixe. De plus, certains instruments, tels que les radars pénétrant dans les glaces, ne peuvent fonctionner qu'à partir d'altitudes relativement basses, accessibles uniquement aux aéronefs, comblant ainsi les lacunes des recherches par satellite.

L'intérêt du radar pénétrant est de pouvoir découvrir et observer ce qui se cache sous la glace. En août 2013, par exemple, le plus long canyon terrestre enfoui sous la calotte glaciaire a été découvert grâce à cette technique.

Il existe également des informations non vérifiables faisant état de découvertes de structures érigées par l'homme, mais elles ont été immédiatement démenties et qualifiées de canulars.

Charles Hapgood, un universitaire américain et grand défenseur de la théorie du déplacement des pôles, soutient l'hypothèse selon laquelle l'Antarctique aurait été habité à une époque où ce continent était libre de glace. Selon lui, cela remonterait à seulement 12 000 ans, et les célèbres cartes de Piri Reis et Oronce Finé, montrant l'Antarctique sans glace, seraient l'œuvre de cette civilisation avancée.

Quoi qu'il en soit, les mystères de ce qui se cache réellement sous la banquise de l'Antarctique perdureront encore pendant un certain temps, laissant libre cours aux spéculations.

Mu – Légende ou réalité ?

Il est difficile de passer outre le célèbre continent disparu de Mu. Cependant, je vous livre cette histoire avec beaucoup de réserves, car elle est sujette à caution.

Mu ne doit pas être confondu avec la Lémurie, un continent disparu dans des circonstances similaires, selon les récits.

C'est grâce à l'archéologue amateur américain Augustus Le Plongeon (1825-1908) que nous avons entendu parler pour la première fois de l'existence du continent disparu de Mu. Il aurait lui-même tiré ses sources des travaux d'un missionnaire et archéologue français, Charles Étienne Brasseur (1814-1874), considéré comme l'un des pionniers de l'archéologie précolombienne.

Mais c'est le colonel James Churchward qui popularisa définitivement l'histoire de Mu en publiant en 1926 un livre qui fit sensation : "Le Continent perdu de Mu". Churchward prétendait avoir découvert un certain nombre de tablettes. Il déclara : "Tout ce que j'affirme est fondé sur la traduction de deux séries de tablettes anciennes. Les tablettes Naacales, que j'ai personnellement découvertes en Inde il y a de nombreuses années, ainsi qu'une importante collection de plus de 2 500 tablettes en pierre, découvertes en 1924 au

Mexique par William Niven. Ces deux séries de tablettes ont une origine commune, car chaque série est rédigée en écriture sacrée de Mu..."

Churchward affirmait avoir pu traduire ces tablettes grâce à l'assistance d'un vieux prêtre qui maîtrisait encore le sens des caractères sacrés de cette écriture. Ce prêtre prétendait être issu de la communauté naacale, dont le peuple était descendant ou contemporain du peuple de Mu.

Selon Churchward, les tablettes racontent l'origine de notre planète, la création originelle de l'homme, ainsi que l'histoire de Mu jusqu'à sa destruction.

Revenons maintenant à Charles Étienne Brasseur, par qui l'histoire de Mu a commencé. En 1866, il se rendit à Madrid, où l'un de ses amis, le paléographe et collectionneur Juan de Tro y Ortalano, lui présenta un ancien codex maya en sa possession, composé de 56 feuillets de papier végétal. Brasseur se consacra à sa traduction, qu'il publia plus tard sous le nom de "Troano".

En 1880, l'ethnologue et linguiste français Léon de Rosny découvrit ce qui semblait être un second codex chez un autre collectionneur espagnol, Juan Ignacio Miro. De Rosny l'étudia et conclut qu'il s'agissait de la deuxième partie du codex précédent, dont il avait sans doute été séparé. Les deux parties furent réunies, et le codex fut baptisé du nom de "codex Tro-Cortesiano", en référence au conquistador Hernan Cortes qui l'aurait ramené du Mexique. Ce codex est aujourd'hui conservé au musée archéologique de Madrid.

Pendant longtemps, les travaux de Brasseur ont été considérés comme fiables, jusqu'à ce que de nouvelles études soient entreprises dans les années 1970. On s'est alors rendu compte que ses traductions étaient sujettes à caution, ce qui a conduit certains à considérer l'histoire du continent disparu de Mu comme totalement fantaisiste.

Selon Brasseur, le Codex mentionne pour la première fois un continent nommé Mû et deux séismes majeurs qui ont englouti ce continent et ses 64 millions d'habitants. Voici un extrait : "En l'an de 6 Kan, le 11 Muluc, dans le mois de Zac, de terribles tremblements de terre se sont produits, continuant sans interruption jusqu'au 13 Chuen. Le pays des collines de boue, la terre de Mu, a été sacrifié. Secouée deux fois, elle a disparu pendant la nuit, continuellement secouée par les feux de la terre souterraine. Leur confinement a fait couler et s'élever la terre plusieurs fois et à différents endroits. Enfin, la surface a cédé, puis dix pays ont été déchirés et dispersés. Ils ont sombré avec leurs 64 millions d'habitants 8 000 ans avant l'écriture de ce livre."

On sait peu de choses sur Mû, en dehors de ce que Churchward en a rapporté. Selon lui, ce continent était divisé en trois parties séparées par des chenaux et s'étendait sur environ 5 000 km du nord au sud et 8 000 km d'est en ouest, soit un territoire plus vaste que l'Australie. Il présentait peu de reliefs, un climat tropical et une végétation luxuriante.

La population de Mû, divisée en 10 tribus, était de race blanche et représentait une civilisation hautement évoluée sur le plan technique et spirituel. L'agriculture et le commerce étaient florissants, ainsi que les échanges maritimes développés.

Toujours selon Churchward, le peuple de Mû représentait la plus ancienne civilisation ayant vécu sur notre planète. Son origine exacte n'est pas connue, mais cette civilisation a connu son apogée il y a 30 000 à 50 000 ans avant notre ère. Le continent a été englouti il y a environ 12 000 ans, à peu près à la même époque que l'Atlantide et dans des circonstances similaires. L'île de

Pâques et les îles polynésiennes seraient des vestiges de ce continent englouti.

Il est vrai qu'il existe de nombreuses ruines inexpliquées sur les îles du Pacifique, notamment les mystérieuses statues de l'île de Pâques.

Malgré tout, l'existence passée de Mu reste très hypothétique. Les affirmations de Churchward suscitent de nombreuses réserves, principalement parce qu'il est resté très vague quant à l'origine de ses sources. On ne sait pas d'où il a tiré les fameuses tablettes naacales, et il est resté très imprécis lorsqu'il a évoqué son voyage dans l'Himalaya, où des lamas lui auraient montré une carte de l'ancien continent de Mu, qu'il estime avoir environ 20 000 ans.

La Lémurie, un autre continent disparu

De nombreux récits alimentent l'hypothèse de l'existence de ce fameux continent, aujourd'hui submergé, qui aurait existé dans l'océan Indien entre l'Inde, Madagascar et l'Australie. Il ne faut pas confondre la Lémurie avec le continent de Mû situé dans le Pacifique.

L'appellation de la Lémurie a été introduite par le zoologiste Philip Luthley Scalter au cours du XIXe siècle. Il cherchait à expliquer la distribution de certains mammifères, dont les lémuriens, dans des zones géographiques très éloignées. Il a émis l'hypothèse qu'un continent situé dans l'océan Indien aurait pu servir de lien entre Madagascar et d'autres régions.

En 1870, le naturaliste allemand Ernst Haeckel a popularisé cette idée en justifiant la présence des lémuriens à Madagascar et en Malaisie par l'existence passée d'une terre reliant ces îles.

En 1927, un livre intitulé "Les Révélations du Grand Océan", publié à titre posthume d'après les travaux du scientifique français Jules Hermann, soutient également cette hypothèse.

Certains géologues sont également d'avis qu'un plateau continental aurait émergé dans cette partie de l'océan Indien. Ce continent, appelé Mauritia, se serait détaché de la plaque malgache. Les indices découverts par ces géologues sont une vingtaine de microcristaux de zircon. Ces cristaux, très résistants à l'érosion, ont été trouvés parmi les sables volcaniques de deux plages de l'île Maurice. Ils ont été datés entre - 660 millions et - 1,97 milliard d'années, bien avant la formation de l'île Maurice, qui remonte à environ dix millions d'années. Or les seuls zircons les plus proches de cet âge se trouvent à Madagascar, à environ 900 km. Il est donc peu probable que ces cristaux aient été transportés par le vent, d'où l'hypothèse d'un ancien continent inconnu coincé entre l'Inde et Madagascar. Ce territoire aurait probablement été fragmenté lors de la dérive des plaques, lorsque l'Inde s'est déplacée de l'Afrique vers l'Asie, tandis que l'Australie et l'Antarctique ont pris leurs positions actuelles.

L'Institut national océanographique de l'Inde a également publié une étude indiquant qu'à une époque lointaine, le niveau de la mer a progressivement augmenté jusqu'à recouvrir une vaste étendue de terre.

Cependant, ces constatations scientifiques ne constituent pas des preuves de l'existence passée de la Lémurie sur ces territoires immergés. Seuls les récits et les légendes alimentent l'hypothèse de cette ancienne civilisation disparue. Par exemple, le Silappadikaram, une des grandes épopées du peuple tamoul, mentionne un vaste continent légendaire submergé appelé Kumari Kandam, qui s'étendait bien au-delà de l'océan Indien. Selon ce récit, ce pays devait être vaste, avec des chaînes de montagnes et 49 provinces.

Le peuple tamoul, qui est très ancien, croit fermement en l'existence passée de la Lémurie ou de Kumari Kandam. Lorsque Kumari Kandam a commencé à sombrer, ses habitants se sont dispersés sur les terres environnantes, donnant naissance à plusieurs civilisations. Certains pensent que le continent submergé de la Lémurie pourrait être le berceau originel de la civilisation.

Les Tamouls se considèrent comme les descendants des anciens rois Pandiyan, qui auraient régné dans les temps anciens sur Kumari Kandam, le territoire englouti.

Un ancien récit ceylanais raconte également l'engloutissement de la citadelle de Rawana, avec ses 25 palais.

Les ruines d'une cité très ancienne découvertes dans l'ancien estuaire du fleuve Sarasvatî pourraient-elles faire partie de ce territoire disparu ? Cependant, ces ruines à elles seules ne constituent pas une preuve de l'existence de la Lémurie.

Civilisations disparues

Il semble que les civilisations soient extrêmement fragiles ; il suffit de quelques bouleversements majeurs pour les rayer de la planète. À l'image des cycles de la vie, elles naissent, grandissent, déclinent et meurent.

Imaginons que demain survienne une guerre nucléaire ou bactériologique, et que tous les survivants de notre société dite "civilisée" retournent littéralement à l'âge de pierre. Il faudra plusieurs millénaires avant de voir émerger une nouvelle civilisation.

Notre propre civilisation est en danger - les plus pessimistes nous annoncent qu'il ne reste que quelques décennies avant qu'elle ne s'effondre. La surexploitation des ressources, le surpeuplement, les conflits, le réchauffement climatique, un virus... sont autant de facteurs invoqués pour précipiter notre disparition.

Ce constat nous oblige à nous poser une question : ce phénomène ne s'est-il pas déjà produit ? Ne pourrait-il pas y avoir eu d'autres civilisations dans un lointain passé ? Que nous dit-on, ou connaît-on la vérité ?

Il est permis d'en douter, et ce pour de nombreuses raisons, ne serait-ce qu'au vu des nombreuses incohérences qui existent dans les récits "officiels" concernant les artefacts, les ruines et les monuments anciens.

En fait, notre histoire officielle, longtemps dominée par l'Église, est aujourd'hui sous le joug de la science, parfaitement contrôlée, verrouillée et défendue avec acharnement contre toute tentative de remise en cause. Elle est soumise à la censure, en particulier pour toute la période antédiluvienne.

Pourquoi s'acharner à cacher et à effacer toute trace des civilisations du passé ? Pourquoi cherche-t-on à nous faire croire que quelques peuplades primitives désorganisées et dépourvues de moyens technologiques nous ont légué cet héritage riche, souvent monumental, disséminé partout sur la planète ?

La vérité dérange-t-elle à ce point qu'il est impératif de ne pas la rendre accessible au commun des mortels ? Pourrait-elle susciter des peurs, des désordres, des changements de comportement tels, qu'il est préférable de perpétuer le mensonge ?

Pour de nombreux chercheurs, il est plus que probable que des civilisations aient existé sur Terre bien avant Sumer. Elles se sont épanouies, puis, pour des raisons que nous ignorons, elles ont disparu, ne laissant que quelques traces et aucune histoire officielle. Toutes les grandes bibliothèques du monde antique ont été détruites au fil du temps, effaçant à jamais l'histoire passée de l'humanité. La plupart du temps, ces destructions ont été perpétrées par l'homme lui-même, soucieux de faire disparaître une histoire en contradiction avec ses propres croyances.

Aujourd'hui, l'histoire nous propose des récits formatés, truffés de détails donnant l'illusion d'une connaissance maîtrisée, d'une vérité révélée... Mais en parallèle, cette même histoire occulte l'essentiel... Comment ces peuples civilisés, à qui l'on attribue ces constructions gigantesques à travers le monde, sont-ils apparus ? Qui étaient-ils, d'où venaient-ils ? Quels véritables moyens avaient-ils à leur disposition ?

Peut-être avaient-ils hérité d'une partie de leurs connaissances et de leurs sciences... Les légendes abondent en ce sens.

Les chercheurs eux-mêmes se heurtent à de nombreuses incertitudes dans la datation des artefacts, ainsi que dans leur interprétation. Cette faculté d'interprétation est d'ailleurs bien pratique pour leur permettre de formuler des hypothèses en accord avec leurs points de vue.

Comment peuvent-ils affirmer avec autant de certitude qu'il n'y a pas eu de civilisation avant Sumer ?

Notre planète est née il y a environ 4,5 milliards d'années... La première civilisation ne daterait que de 5 500 ans ! Nous aurions, en l'espace de quelques milliers d'années, atteint le niveau technologique que nous connaissons aujourd'hui... Alors que pendant les centaines de millions d'années qui ont précédé, aucune civilisation n'aurait eu le temps de voir le jour ?

Si de telles civilisations avaient existé, pourrions-nous encore détecter leurs vestiges, ou bien auraient-ils complètement disparu en raison des innombrables bouleversements géologiques ?

De l'aveu même des scientifiques, les chances de retrouver des traces de plus d'un million d'années sont quasiment nulles.

L'écorce terrestre a été chamboulée à maintes reprises par des cataclysmes géologiques ou climatiques divers. On ne retrouve aucun territoire vierge datant de plus d'un million d'années, sauf peut-être le désert du Néguev en Israël, considéré comme vierge de bouleversement depuis 1,8 million d'années. Cependant, l'absence de traces fiables de civilisations disparues ne signifie pas nécessairement qu'aucune n'ait existé.

Hérodote, historien grec du IVe siècle avant notre ère, a rapporté que, selon les prêtres égyptiens, le Soleil ne s'était pas toujours levé au même endroit, ce qui implique que leurs relevés de la précession des équinoxes s'étendaient sur au moins 26 000 ans. Hérodote a situé le règne d'Osiris aux alentours de 15 500 ans avant notre ère, d'après les déclarations des prêtres de la vallée du Nil. L'historien a insisté sur la fiabilité absolue de ses informateurs et sur l'exactitude de cette date.

Selon le philosophe grec Platon, du IVe siècle avant notre ère, les grands prêtres égyptiens ont fixé la date de l'effondrement de l'Atlantide à l'an 9 560 avant notre ère.

Hipparque, astronome, géographe et mathématicien grec du IIe siècle avant notre ère, a mentionné des chroniques assyriennes remontant à 270 000 ans !

Cicéron, au Ier siècle avant notre ère, a déclaré que les archives de Babylone avaient 470 000 ans.

Diogène Laërte, écrivain grec du début du IIIe siècle, a écrit que les premières observations astronomiques enregistrées par les prêtres égyptiens remontaient à 49 219 avant notre ère. Il a mentionné 373 éclipses solaires et 832 éclipses lunaires, ce qui correspond à une période d'environ 10 000 ans.

Martianus Capella, écrivain latin d'origine africaine, a noté que les anciens Égyptiens avaient étudié l'astronomie pendant plus de 40 000 ans.

Simpicius de Cilicie, philosophe grec du VIe siècle, a rapporté que les anciens Égyptiens avaient enregistré des observations astronomiques pendant 630 000 ans ! Cela suggérerait que les origines de cette civilisation remontent à une très haute antiquité.

Georgius Syncellus, chroniqueur byzantin du VIIe siècle, a déclaré que des scribes avaient consigné tous les événements de l'ancienne Égypte pendant 36 525 ans.

Il est donc légitime de se poser une question : pourquoi autant d'écrits, sans aucun lien entre eux, sont-ils aussi concordants ? Curieusement, les archéologues et historiens font volontiers référence aux écrits anciens qui confirment leur vision du monde, mais rejettent sans aucune considération ce qui va à l'encontre de l'histoire officielle.

Nous avons à l'esprit les progrès considérables accomplis par l'humanité en quelques siècles seulement. Nous sommes passés du char à bœufs à l'avion, du parchemin à l'ordinateur, de la hutte sommaire à la maison domotisée, avec une accélération exponentielle. Ce laps de temps est insignifiant à l'échelle de la vie sur Terre. Alors pourquoi ne pas envisager qu'un scénario similaire se soit déjà produit dans le passé, peut-être même à plusieurs reprises ?

Nos connaissances sur les anciennes civilisations sont très fragmentaires pour les plus connues et complètement inexistantes pour la plupart.

Les archéologues ont construit un discours officiel autour de ces anciennes cultures, mais il est très approximatif et la plupart du temps dogmatique. Il n'est donc pas surprenant que certaines découvertes soient totalement déroutantes et ne rentrent dans aucun cadre de référence.

Il existe incontestablement des traces de ces cultures extrêmement anciennes sur tous les continents, présentant d'étranges similitudes malgré leur éloignement. Il serait intéressant de rechercher l'origine de ces similitudes ainsi que la ou les cultures fondamentales qui ont diffusé leur savoir et leurs connaissances. Cependant, cela nécessiterait de franchir les portes de l'interdit, les frontières de l'antiquité, bien au-delà des anciens Égyptiens et de Sumer, à une époque où, officiellement du moins, aucune civilisation n'existait.

Pour les archéologues, cette hypothèse n'est pas envisageable, car elle va à l'encontre de ce qui est politiquement acceptable. Pourtant, cette théorie n'est pas plus loufoque ni moins fondée que celles couramment admises. Elle est simplement exclue a priori, car elle ne correspond pas au modèle de ce qui est considéré comme "scientifiquement correct".

Entre le refus d'examiner ce qui est gênant, l'exclusion de preuves et la négation d'évidences, il est clair que les sciences humaines resteront figées encore longtemps.

De très nombreuses découvertes archéologiques laissent penser, qu'une ou plusieurs civilisations développées ont bel et bien existé à une époque où, selon nos théories, l'homme n'en était qu'à l'âge de pierre, voire bien avant.

Des vestiges remontant à plusieurs milliers, voire des centaines de milliers d'années, certains enfouis sous la mer, parsèment notre planète. Ils ont été réalisés avec des technologies très avancées. L'homme de l'âge de pierre était bien sûr incapable de construire ces monuments gigantesques, dont nous ignorons tout.

Il est donc fort probable que des civilisations, peut-être d'une autre race que la nôtre, aient foulé la planète bien avant la période officiellement retenue par la science. Il est probable que la Terre a accueilli plusieurs civilisations, dont certaines étaient très avancées technologiquement. Elles ont disparu en raison de cataclysmes planétaires, ne laissant que quelques survivants incapables de poursuivre ou de maintenir l'évolution technologique qu'ils avaient connue.

Officiellement, on nous dit que l'histoire a commencé à Sumer... Même si les historiens n'ont pas une idée très précise de l'identité des Sumériens ni de leur origine.

Est-ce vraiment la vérité ? Il est permis d'en douter. De nombreux indices et éléments suggèrent que d'autres civilisations technologiquement très avancées se sont développées bien avant, certaines datant de centaines de milliers d'années. Ces indices existent en grand nombre, sont variés, flagrants, mais ils sont ignorés par la milieu scientifique parce qu'ils n'entrent pas sans le moule officiel.

Nous allons passer en revue une liste détaillée, bien que non exhaustive, de ces indices : artefacts, gravures, dessins, sculptures, monuments, ruines, etc., disséminés à travers la planète, qui plaident en faveur de l'existence de ces civilisations antédiluviennes.

Il est fort probable que les civilisations évoquées dans les récits et légendes antiques aient réellement existé. Klaus Dona, chercheur indépendant, auteur et conférencier, affirme d'ailleurs que notre histoire est sans doute contenue dans les mythologies universelles. Toutes ces légendes évoquent des technologies avancées à des époques extrêmement reculées, bien au-delà de la portée des tribus primitives ou même des primates censés avoir vécu à cette époque.

On peut toujours argumenter que ces récits ont été enjolivés ou déformés. Ce qui est très probable, mais il aurait été impossible d'inventer des histoires aussi détaillées décrivant des prouesses techniques totalement impossibles et inimaginables à cette époque lointaine, à moins de relater des faits réellement existants.

Nous savons que d'énormes cataclysmes ont ravagé la Terre au cours de son histoire, entraînant la disparition de nombreuses espèces, dont les dinosaures. Il n'est donc pas impossible qu'une ou plusieurs civilisations anciennes aient connu un sort similaire au cours de l'histoire très longue de notre planète.

L'humanité n'a pas complètement perdu le souvenir de ces événements anciens. Les traditions et légendes sont là pour nous rappeler qu'autrefois, les hommes ont connu la civilisation avant de sombrer et de disparaître de la surface de la Terre.

La plupart des traces ont évidemment disparu avec le temps, à l'exception de quelques artefacts, ossements et indices qui ont été découverts par hasard. Ce sont précisément ces découvertes qui viennent étayer cette théorie, même si elles sont souvent niées, détruites ou censurées par les partisans de l'histoire officielle et les gardiens du dogme.

On nous a inculqué l'idée que la civilisation évolue nécessairement de manière constante, vers le progrès. Rien n'est moins certain. Il est même probable que l'humanité puisse connaître des phases de régression profonde, voire même un recommencement total, à la suite d'événements cataclysmiques, par exemple. Il semble évident que cela puisse arriver, voire même que cela se soit déjà produit à plusieurs reprises au cours de l'histoire longue de notre planète.

Les scientifiques de toutes disciplines sont hostiles à cette hypothèse, cela ne signifie pas qu'elle doit être rejetée. L'un de leurs arguments consiste à affirmer : "Nous n'avons jamais retrouvé de vestiges d'une civilisation aussi ancienne." En réalité, il s'agit d'un argument spécieux qui semble logique et sensé, mais qui est faux. Ces vestiges existent, il suffit simplement de vouloir les prendre en considération au lieu de les ignorer.

N'oublions pas que notre science occidentale fait démarrer notre histoire il y a seulement 150 000 ans, tandis que les traditions orientales la font remonter à plusieurs millions d'années.

Les préhistoriens seraient bien avisés de considérer la mythologie comme une base de recherche, tout comme l'a fait Schliemann, découvreur de Troie et de Mycènes en son temps.

8 LES PREMIERES CIVILISATIONS

Selon l'histoire officielle

Elles sont au nombre de huit, qui ont émergé approximativement entre - 1 200 et - 3 500 avant notre ère:

La civilisation sumérienne vers - 3 500.
La civilisation égyptienne, à peu près à la même époque.
La civilisation de Caral, vers - 3 000.
La civilisation sabéenne, vers - 2 500.
La civilisation de l'Indus, vers - 2 300.
La civilisation chinoise, vers - 2 200.
La civilisation indienne, vers - 1 700.
La civilisation olmèque, vers - 1 200.

Personnes ne remet en cause l'existence de des civilisations, elles sont attestées par des vestiges, des monuments et des écrits. Cependant, la question demeure de savoir si elles sont apparues de manière autonome ou si elles ont émergé à partir de civilisations plus anciennes qui ne sont pas répertoriées.

Certains chercheurs ont mis en évidence l'existence d'artefacts, de monuments et de ruines qui ne sont pas liés à ces civilisations, suggérant ainsi l'existence d'autres civilisations bien antérieures, voire très lointaines dans le passé.

Toutefois, selon l'histoire officielle, la civilisation sumérienne, qui a vu le jour en Mésopotamie vers 3 300 à 3 500 avant notre ère, est considérée comme la première civilisation.

La civilisation de Sumer

Sumer était localisée dans la région du sud de la Mésopotamie, correspondant à l'Irak actuel, et était située dans une plaine traversée par les fleuves Tigre et Euphrate. Elle a connu un développement important et a exercé une influence considérable malgré sa localisation géographique relativement restreinte.

La redécouverte de la civilisation sumérienne a eu lieu au cours de la seconde moitié du XIXe siècle grâce aux fouilles archéologiques menées dans le sud de la Mésopotamie.

Cette civilisation a laissé des vestiges architecturaux d'une grande beauté, mais la découverte majeure a été celle de milliers de tablettes écrites en cunéiforme. On attribue aux Sumériens l'invention de l'écriture il y a environ 6 000 ans. Ces tablettes ont constitué une source de documentation exceptionnelle et ont contribué à établir que Sumer était la civilisation la plus ancienne répertoriée à ce jour.

La civilisation sumérienne était avancée dans de nombreux domaines tels que l'architecture, les arts, l'astronomie, les mathématiques, le sport et la musique. On leur attribue l'invention de la roue et de systèmes d'irrigation sophistiqués. Sur le plan scientifique, ils sont remarquables pour avoir développé la division sexagésimale du temps, avec 60 minutes dans une heure et 24 heures dans une journée, ainsi que la division du cercle en 360 degrés. Les tablettes sumériennes font aussi référence à des pratiques médicales avancées, notamment des opérations oculaires et cérébrales. Le caducée, symbole médical représentant un serpent enroulé autour d'un bâton, était déjà présent sur de nombreux sceaux découverts parmi les tablettes sumériennes.

De nombreuses questions subsistent: d'où venaient les Sumériens? Comment cette civilisation est-elle née? Comment un peuple vivant sur un territoire aussi restreint a-t-il pu se développer si rapidement et atteindre un tel niveau de connaissances?

Sur le plan politique, Sumer était divisée en zones d'influence structurées autour de cités-États telles que Uruk, Ur, Lagash, Umma, Adab, Nippur, Shuruppak, Kish et Akshak.

Chacune de ces cités-États possédait sa propre administration gouvernementale dominée par un roi-prêtre. L'une des cités-États les plus importantes et sans doute la plus connue était Uruk, qui comptait plusieurs dizaines de milliers d'habitants. C'est à Uruk que l'origine de la première écriture de l'histoire humaine est située, et c'est également là que la légende épique de Gilgamesh est née.

Malheureusement, ces cités se sont divisées et, au cours du IIIe millénaire avant notre ère, elles ont continué à se battre les unes contre les autres, ce qui a finalement conduit à leur chute.

D'où venait cette civilisation ? A-t-elle commencé à Ur ou à Eridu comme le prétendent les historiens, ou est-elle antérieure au déluge comme le dit la légende ?

Pendant longtemps, les historiens ont considéré les Sumériens comme un peuple d'immigrants, mais il semble que ce ne soit pas le cas, et qu'ils aient été présents sur place depuis des millénaires. Bien que la civilisation sumérienne n'apparaisse dans les sources écrites qu'à la fin du IVe millénaire avant notre ère, tout indique qu'elle s'est formée bien avant et sur place.

Les premières fouilles des sites sumériens ont été entreprises en 1877 par une équipe dirigée par Ernest de Sarzec, consul français de Bassorah. En 1889, les Américains ont entrepris des fouilles sur l'ancienne cité de Nippur, qui ont également conduit à d'importantes découvertes, notamment des tablettes écrites en cunéiforme. De nombreux chantiers de fouilles ont été menés sur les sites des anciennes cités sumériennes, tels qu'Adab, Shuruppak, Uruk, et Ur, où les tombes royales ont été découvertes.

Dans les années 1940, de nouveaux sites ont été découverts et fouillés, tels que Abu Salabikh, Tell Uqair, Larsa, Tell el-Oueili, le plus ancien village sumérien connu, et Eridu, où le plus ancien monument de cette région de la Mésopotamie a été mis au jour.

Les fouilles du site d'Eridu ont révélé l'un des premiers exemples d'architecture monumentale caractéristique de cette civilisation. Eridu, la ville aux sept collines, était le site le plus important et une grande métropole religieuse. On y a découvert pas moins de 19 niveaux d'occupation.

Selon la tradition sumérienne, c'est à Eridu que la royauté aurait été exercée pour la première fois. Le pouvoir était alors confié à des "demidieux" selon la légende.

Les tablettes retrouvées à Sumer ont permis d'établir une chronologie des rois qui ont régné sur Sumer pendant plusieurs siècles. Un exemplaire relativement complet appelé le "Prisme de Weld-Blundell" est couvert de centaines de noms.

Ces rois légendaires auraient régné avant le déluge et présentaient tous la particularité d'avoir une durée de vie exceptionnellement longue, pouvant atteindre plusieurs milliers d'années !

Ainsi, le premier roi, Alulim, aurait régné pendant vingt-huit mille huit cents ans après l'établissement de la royauté à Eridu "après être descendue du ciel" ... Alalgar lui a succédé et a régné pendant trente-six mille ans.

Après la chute d'Eridu, la royauté s'est établie à Bad-tibira avec le roi En-Men-Lu-Ana, qui a régné pendant une durée record de quarante-trois mille deux cents ans...

Le dernier de la liste des rois antédiluviens est le roi Ziusudra, qui a régné sur Shuruppak...

Le déluge a mis fin à cette dynastie.

Les Rois selon la liste sumérienne		
Roi	**Ville**	**Durée du règne en années**
Alulim ou Adapa	Eridu	28.000
Alalĝar	Eridu	36.000
En-men-lu-ana	Bad-Tibira	43.200
En-men-gal-ana	Bad-Tibira	28.800
Dumzi ou Dumuzid	Bad-Tibira	36.000
En-sipa-zi-ana	Larak	28.800
En-men-dur-ana	Sippar	21.000
Ubara-tutu	Suruppak	18.600
Ziusudra	Suruppak	
Déluge		

Les dynasties qui ont suivi le Déluge ont perdu leur statut de "demi-dieux" ainsi que l'espérance de vie étonnante de leurs prédécesseurs.

Curieusement, dans la chronologie biblique de l'Ancien Testament, on retrouve un récit similaire concernant l'âge des anciens patriarches. Avant le Déluge, certains ont vécu jusqu'à un âge particulièrement avancé, comme Mathusalem qui aurait vécu plus de 900 ans. Mais après le cataclysme, la durée de vie des rois a progressivement diminué.

Même si la durée de vie excessivement longue des patriarches antédiluviens nous semble irréaliste, cela ne signifie pas nécessairement que ces rois n'ont pas existé et régné.

Les historiens ont fait le tri parmi les récits recensés sur ces tablettes, ils ont classé dans la catégorie "historique" tout ce qui concerne les villes dont les ruines ont été effectivement retrouvées. Quant à la liste des rois ayant régné sur ces mêmes villes, ils l'ont classé au rang des "mythes"... Alors même que ces règnes peuvent être corroborés par d'autres sources et respectent une certaine réalité historique...

La civilisation de la vallée de l'Indus

Moins connue que la civilisation sumérienne, la civilisation de la vallée de l'Indus est néanmoins l'une des plus anciennes civilisations à ce jour.

L'Indus est un fleuve d'Asie qui a donné son nom à l'Inde. Il prend sa source dans l'Himalaya, au Tibet, et coule vers le sud-ouest, traversant le nord de l'Inde, puis entièrement le Pakistan, pour se jeter dans la mer d'Arabie ou la mer d'Oman.

C'est au début des années 1920 qu'un archéologue indien, R. D. Banerji, découvre sur les rives du fleuve, à environ 500 km au nord-nord-est de Karachi, au Pakistan, un site exceptionnel, celui de Mohenjo-Daro. Des fouilles à grande échelle sont organisées, d'abord par Banerji lui-même, puis par d'autres jusqu'en 1950.

Mohenjo-Daro, qui signifie littéralement "la colline des morts", révèle les vestiges d'une civilisation dont on ignorait totalement l'existence, la civilisation de la vallée de l'Indus, également appelée civilisation harappéenne, d'après la ville d'Harappa qui était, tout comme Mohenjo-Daro, l'une des plus grandes cités de l'époque.

Le site de Mohenjo-Daro s'étend sur environ 240 hectares et présente une architecture surprenante avec des rues bien tracées. Les ruines des constructions révèlent un niveau de confort étonnant pour cette époque lointaine. Les habitations, principalement en briques, semblent standardisées et beaucoup étaient équipées de bains et de puits, reliées à un réseau d'égouts.

La cité devait avoir une certaine importance, et on estime que sa population était d'environ 40 000 à 50 000 habitants. Il est également probable que Mohenjo-Daro ait été la capitale économique et politique de cette civilisation de la vallée de l'Indus.

On y a découvert des ateliers de poterie, de teinture, mais aussi d'artistes, ainsi que des des bijoux, des colliers, des sculptures et des céramiques, mettant en évidence l'aspect culturel et raffiné de cette civilisation.

Des ruines de fortifications ont été retrouvées, mais curieusement, aucun temple ni aucun palais, comme si ce peuple s'était auto-géré en marge de la politique et de la religion.

Les autres villes, telles que Harappa, Kalibangan et Lothal, présentaient le même type d'urbanisation et de constructions, témoignant du niveau élevé de cette civilisation.

Cette civilisation maîtrisait également un système d'écriture pictographique qui n'a toujours pas été déchiffré à ce jour. Malheureusement, il n'en reste que peu de traces, seulement quelques courtes inscriptions sur des poteries, des objets ou des sceaux.

Avec son haut niveau culturel, ses plans d'urbanisation modernes, sa maîtrise de l'écriture, la civilisation de la vallée de l'Indus semblait totalement anachronique par rapport à son époque.

Mohenjo-Daro a été détruite et reconstruite au moins sept fois. Apparemment, les crues dévastatrices de l'Indus ont été à l'origine de ces destructions, comme en témoignent les épaisseurs de limon entre chaque niveau de construction.

Au fil des décennies de fouilles, les archéologues ont progressivement mis au jour près de 1 500 autres sites représentatifs de la "civilisation de la vallée de l'Indus", aussi bien en Inde qu'au Pakistan. La plupart de ces sites découverts sont de petite taille, s'étendant sur seulement quelques hectares, disséminés le long des cours d'eau. Cependant, il reste encore beaucoup à découvrir et à explorer.

A ce jour, on ne sait pas grand-chose de cette civilisation, qui représentait pourtant la culture la plus étendue de cette époque, nettement supérieure à celles des civilisations mésopotamienne et égyptienne.

Nous ne savons pas non plus si cette civilisation était cantonnée à la vallée de l'Indus ou si elle faisait partie d'un ensemble plus vaste disséminé ailleurs.

Selon les chercheurs les plus audacieux, la civilisation de l'Indus remonterait à au moins 8 000 à 9 000 ans avant notre ère, et non pas 5 000 ans comme le soutiennent actuellement les historiens. Dans les deux cas, elle précéderait celle de Sumer, du moins si l'on se fie aux datations officielles...

Plusieurs questions se posent : pourquoi ne trouve-t-on pas de traces de son histoire dans les anciens écrits ? Et pourquoi cette civilisation a-t-elle commencé à décliner à partir du IIe millénaire avant notre ère ?

La raison du déclin de cette brillante civilisation n'est pas très claire. Les archéologues proposent plusieurs théories, dont une grande sécheresse, mais sans apporter de preuves précises.

Un autre point interpelle : bien que Mohenjo-Daro ait été densément peuplée à son apogée, les archéologues n'ont pratiquement pas retrouvé d'ossements ou de squelettes. De plus, ceux qui ont été découverts semblent avoir été abandonnés sans sépulture, alors que l'on sait que la civilisation harappéenne inhumait ses morts de manière assez fastueuse. Peut-on en déduire que la cité a connu une fin prévisible, laissant à ses habitants le temps de fuir ?

Certains chercheurs avant-gardistes, comme l'archéologue et linguiste amateur britannique David Davenport, font le parallèle avec les anciens textes du Mahabharata...

Le guerrier-héros Arjuna avait été averti par Krishna qu'un "vimana" utiliserait une arme destructrice depuis les cieux. Davenport est convaincu que ces anciens textes ne décrivent rien d'autre qu'une guerre aérienne avec des armes nucléaires. Il souligne le fait que parmi la quarantaine de squelettes découverts, aucun ne présente de blessures par des armes classiques, mais tous présentent des brûlures inexplicables et un taux de radioactivité supérieur à la normale. De plus, les cadavres ne semblent pas avoir été enterrés, ils reposent de manière éparse, recouverts de sédiments, comme s'ils avaient été enfouis naturellement.

La civilisation de Vinča

C'est en 1908 que l'archéologue serbe Miloje Vasic (1869-1956) a découvert les premiers vestiges près de Vinča, une localité située sur les rives du Danube, à une vingtaine de kilomètres au sud-est de Belgrade. Des fouilles plus approfondies menées entre 1918 et 1934 ont révélé que les sites de Vinča étaient ceux d'une civilisation à part entière.

Cette culture s'étendait sur une vaste région, comprenant non seulement la Serbie, mais aussi la Bosnie, le Monténégro, la Macédoine, le sud-est de la Hongrie, le nord-ouest de la Bulgarie, une partie de la Roumanie et de la Grèce. Vinča n'était qu'une cité parmi d'autres, dont Divostin, Potporanj, Selevac, Pločnik, Predionica, Stubline, etc.

Officiellement, la culture de Vinča est classée comme une culture préhistorique du Chalcolithique, qui aurait perduré de -7000 à -3000 avant notre ère. Cependant, certains indices, tels que l'exploitation de certaines mines, suggèrent que cette civilisation pourrait être bien plus ancienne. Elle aurait donc existé avant les grandes civilisations de la Mésopotamie et de l'Égypte, car dès le VIe millénaire avant notre ère, la culture de Vinča était déjà une civilisation authentique.

Du point de vue architectural, les fouilles ont révélé des habitations comportant plusieurs chambres, parfois plusieurs étages. Elles étaient construites en bois ou en argile et recouvertes de torchis. Leurs plans étaient assez élaborés, voire complexes. Elles étaient disposées le long de rues parfaitement tracées et couvraient une superficie de plusieurs hectares. Toutes étaient équipées d'un certain confort, avec des poêles pour la cuisine et le chauffage. Les lits étaient constitués de nattes de laine et de peaux.

Manifestement, ces cités étaient densément peuplées. La religion devait y jouer un rôle très important, car on a découvert plus de 150 temples de taille importante, également construits en bois et en torchis. Les plus anciens d'entre eux datent de 6800 avant notre ère.

Des échanges commerciaux existaient entre les principales villes. L'exploitation de certaines mines, en particulier celles de cuivre comme celle de Rudna Glava, située à 140 km à l'est de Belgrade, remonte officiellement à plus de 7000 ans, bien que certains chercheurs avancent des dates beaucoup plus anciennes.

Il semble que l'économie de cette civilisation reposait essentiellement sur l'agriculture. Les cultures céréalières, en particulier le blé, l'épeautre, le lin, les lentilles et les pois, étaient développées. L'élevage concernait les vaches, les chèvres, les moutons et les cochons. Les chiens étaient utilisés comme animaux domestiques. Enfin, la pêche et la chasse complétaient les activités dans les zones propices.

L'artisanat couvrait de nombreux domaines tels que le tissage, la production de céramiques, de poteries, le travail du marbre, la métallurgie du cuivre et de l'or, ainsi que la fabrication d'articles en obsidienne.

Les céramiques de Vinča, souvent de couleur noire, sont généralement à fond plat avec des pieds. Elles sont ornées de formes incisées représentant des chevrons, des damiers, des spirales, des méandres, des zigzags, etc.

Parmi les poteries, de nombreuses figurines anthropomorphes et zoomorphes ont été découvertes. Les femmes sont très représentées, avec un visage triangulaire et de grands yeux exorbités. Curieusement, les faces des animaux sont également triangulaires.

De nombreux signes gravés, souvent non figuratifs, ont été relevés sur différents supports. Certains chercheurs les ont assimilés à une forme d'écriture.

En 1961, lors de fouilles dans une tombe près de Tărtăria, une petite localité au centre de la Roumanie, l'archéologue roumain Nicolae Vlassa découvrit trois tablettes couvertes de signes. Ces tablettes ont suscité beaucoup de débats, car Nicolae Vlassa a rapidement établi un parallèle avec les tablettes sumériennes. En effet, les systèmes d'écriture de Sumer et de Vinča semblent du même type, et certains signes sont identiques.

Cette similitude a conduit les archéologues à penser que la culture de Vinča avait été influencée par des voyageurs venant de Babylone. Ils ont donc conclu que la culture de Vinča remontait à une période comprise entre 2900 et 2600 avant notre ère. Jusque-là, tout allait bien... sauf que les résultats de la datation au carbone 14 ont repoussé l'âge des tablettes à au moins 4000 ans avant notre ère ! Cela signifie qu'elles étaient antérieures à celles de Sumer... à moins que Sumer ne soit plus ancien d'au moins un millénaire !

Des études ultérieures ont même avancé une datation encore plus ancienne, remontant à 5500 ans avant notre ère.

Inutile de dire que les choses ont commencé sérieusement à se compliquer. Étant donné que les archéologues n'ont ni l'habitude ni la volonté de remettre en question leurs dogmes, leur raisonnement dans de tels cas ne tient plus compte des preuves scientifiques, et ils ont donc rejeté ces datations.

De même, ils ne reconnaissent pas les signes sur les tablettes comme une forme d'écriture, mais plutôt comme des pictogrammes dépourvus de sens, des gribouillis aléatoires ou des symboles religieux.

Ce désaveu officiel, même s'il est compréhensible, a conduit à un désintérêt pour cette civilisation, qui reste donc largement méconnue du grand public.

Malgré tout, un certain nombre de chercheurs restent convaincus qu'il s'agit bien d'un des systèmes d'écriture, voire du plus ancien système d'écriture au monde.

D'autres tablettes gravées similaires ont été découvertes à Gradešnica, dans le nord-ouest de la Bulgarie, et à Dispilio, dans le nord-ouest de la Grèce.

Certains n'hésitent pas non plus à établir un parallèle avec les tablettes controversées de Glozel, dans l'Allier, en France. Nous y reviendrons dans mon prochain livre.

La culture Jōmon

À l'origine, peuple de chasseurs-cueilleurs, la culture Jōmon est considérée comme l'une des premières à s'être sédentarisée dans les îles japonaises. Elle est également l'une des cultures ayant duré le plus longtemps, perdurant environ 15 000 ans, de -17 000 avant notre ère jusqu'à environ -2000.

Les Jōmons étaient décrits comme étant de grande stature et présentaient la particularité d'avoir un crâne dolichocéphale, laissant supposer une origine commune avec le peuple préhistorique de la Corée du Sud.

Cependant, l'objectif de ce chapitre n'est pas de fournir un compte rendu historique détaillé sur ce peuple, car il est facile de se documenter pour les plus curieux. Je me concentrerai simplement sur quelques curiosités et mystères qui entourent cette culture.

Comme de nombreuses anciennes cultures, les Jōmons ont réalisé d'importants travaux de terrassement, déplaçant et érigeant des milliers de lourdes pierres. On leur attribue également le mystérieux site englouti de Yonaguni, mentionné dans un chapitre précédent.

Les Jōmons sont connus pour leurs céramiques et leurs poteries, parmi lesquelles certaines remontent à 16 500 ans avant notre ère, ce qui en fait parmi les plus anciennes connues dans le monde. Cependant, ils sont surtout célèbres pour leurs curieuses figurines en terre cuite appelées "Dogu".

Selon les archéologues, les premières Dogu seraient apparues au VIIe millénaire avant notre ère. Mesurant entre 10 et 40 cm environ, la plupart des Dogu représentent des femmes, tandis que d'autres sont asexuées. Quelques-unes représentent des animaux, mais la majorité représente des êtres humains.

Certains de ces personnages en argile sont vraiment étranges, avec des yeux globuleux et une pupille fendue horizontalement. D'autres ressemblent étrangement aux statuettes péruviennes des Paracas, avec seulement trois doigts, une tête dolichocéphale, une petite bouche et sont dépourvues d'oreilles et de nez.

On peut également voir des personnages qui semblent porter des lunettes de soleil, d'autres vêtus d'une combinaison de plongée ou d'une combinaison d'astronaute...

Selon les archéologues, ces statuettes étaient utilisées lors de diverses cérémonies, mais cette explication classique signifie en réalité qu'ils n'en savent rien ! Ces étranges figurines, réalisées en grand nombre, constituent un véritable mystère.

Tant de particularités ne peuvent être inventées, même pour des statuettes rituelles ! Les sculpteurs d'argile Jōmons n'ont-ils pas plutôt représenté des personnages qu'ils ont vus et côtoyés ? Même si cette hypothèse ne fait pas partie du registre des archéologues orthodoxes ! N'ont-ils pas été confrontés à des visiteurs venus d'ailleurs ?...

Un vieux mythe shintoïste ne dit-il pas que le peuple japonais serait né à Kyūshū, l'île où marchaient les Dieux... et précise que ces anciens "Maîtres Célestes" leur auraient transmis le savoir et les connaissances pour accéder à la civilisation

La civilisation de Caral

Le site de Caral se situe au Pérou, à un peu moins de 200 kilomètres au nord de Lima. Caral fut le berceau de la civilisation du même nom, également appelée civilisation de Norte Chico.

En réalité, il ne s'agit pas d'un site unique, car d'autres centres ont également été répertoriés dans la vallée de Supe et dans la vallée de Huaura. Au total, il y a une quarantaine de sites, distants les uns des autres de quelques kilomètres, s'étendant sur un territoire semi-désertique d'environ 66 hectares, de part et d'autre du rio Supe, dans la vallée du même nom, ainsi que dans quatre vallées adjacentes.

Caral a été découvert en 1905, mais il a été initialement peu exploré en raison de l'absence d'artefacts et de poteries. Puis, dans les années 1970, des pyramides à degrés ont été mises au jour sous ce qui était jusqu'alors considéré comme des collines naturelles. Cependant, ce n'est qu'à partir des années 1990 qu'une anthropologue et archéologue péruvienne, Ruth Martha Shady Solis, a commencé à mener des recherches sérieuses sur ces sites.

Les pyramides sont l'une des caractéristiques de cette ancienne civilisation. Elles diffèrent des pyramides égyptiennes en ce sens qu'elles sont dotées de gradins et se terminent par un niveau plat aménagé avec quelques pièces.

En dehors des pyramides, diverses autres structures ont été mises au jour, telles que des amphithéâtres, des escaliers, des jardins et des temples construits en pierre et en boue. Les plaines ne comportent aucune construction, ce qui suggère qu'elles étaient probablement réservées aux cultures. Cependant, les sites sont loin d'avoir tout révélé et les fouilles se poursuivent.

Des analyses de débris de bois retrouvés à l'intérieur d'une pyramide ont été datées de -5000 à - 5500 ans avant notre ère, confirmant ainsi la datation du site. Les pyramides de Caral seraient donc plus anciennes que celles d'Égypte.

Nous savons peu de choses sur cette société précolombienne, qui est pour l'instant la plus ancienne civilisation connue sur ce continent. Pendant longtemps, on a considéré que la première civilisation de cette partie du monde était représentée par la culture de Chavin, vers 900 avant notre ère, alors que la civilisation de Caral lui est antérieure.

La capitale, Caral, reflète une organisation complexe avec une architecture parfaitement maîtrisée. À son apogée, on estime que 3 000 personnes y vivaient, tandis que 5 000 à 10 000 personnes supplémentaires se répartissaient dans les différents sites environnants.

Cette société, parfaitement structurée et organisée, était divisée en trois statuts différents:

L'élite, représentée par les chefs et les religieux, qui occupaient les Temples.

Une classe moyenne composée de tous ceux qui maîtrisaient une activité professionnelle telle que les architectes, les artisans, les savants... Cette classe vivait au sein de la cité.

Le peuple, c'est-à-dire tous les autres. Ces personnes vivaient en contrebas de la cité sacrée, à proximité des terres cultivables.

Leur niveau de connaissances était très développé pour l'époque, dans des domaines aussi variés que les mathématiques, la géométrie, l'astronomie et la médecine...

Ils maîtrisaient parfaitement l'agriculture et disposaient d'un système d'irrigation perfectionné.

La musique devait faire partie de leurs loisirs, si l'on considère le nombre de flûtes retrouvées sur le site. Ces flûtes, réalisées en os de condor ou de pélican, proviennent manifestement d'une autre région, probablement d'Amazonie, ce qui prouve que les Carals voyageaient.

La pêche occupait également une place importante, tout comme le commerce ou du moins les échanges, notamment de coton, sur une distance de plusieurs centaines de kilomètres.

Curieusement, malgré l'architecture monumentale qui caractérise cette civilisation et parmi les vestiges des constructions des quarante sites répertoriés jusqu'à présent, aucune trace de céramique, de poterie ou d'objets d'art n'a été trouvée.

Il n'y a non plus aucune trace d'une forme d'écriture, mais en revanche, un ingénieux système de calcul, d'enregistrement et d'archivage appelé le quipu a été découvert. Il était constitué de cordelettes en laine ou en poil de lama. Si le quipu était déjà connu à travers des civilisations plus récentes, sa présence ici est un indice important mettant en évidence le niveau d'avancement et de connaissances de cette civilisation. Cette découverte repousse également beaucoup plus loin dans le passé la connaissance des mathématiques par les peuples amérindiens.

Les "architectes" Carals avaient également mis au point un ingénieux système de constructions parasismiques. Les bases des constructions étaient constituées de sortes de paniers remplis de pierres, dont la fonction était de dissiper les effets des mouvements telluriques assez fréquents et d'éviter l'effondrement des bâtiments.

Étant donné qu'aucune arme ni muraille de défense n'ont été retrouvées, on pense que cette civilisation n'a jamais connu la guerre.

Cependant, même si la guerre n'y est pour rien, cette civilisation a brusquement disparu au cours du XVIIIe siècle avant notre ère, sans que la raison en soit connue. Les chercheurs ont avancé diverses hypothèses pour expliquer cette mystérieuse disparition. Certains évoquent un tremblement de terre d'une très grande intensité, compte tenu des fissures sur les bâtiments qui n'ont pas été réparées. D'autres suggèrent qu'un dérèglement climatique majeur aurait entraîné des pluies diluviennes, des vents puissants et des éboulements, détruisant ainsi les terres agricoles et mettant en péril la survie de ce peuple. D'autres encore évoquent une sécheresse importante qui aurait contraint la population à chercher une région plus accueillante. En somme, on ne sait vraiment pas ce qui s'est passé.

Les causes environnementales ou climatiques sont des explications couramment avancées par les chercheurs pour tenter de justifier la disparition soudaine de certaines peuplades. Pourquoi pas !

La seule certitude que nous avons, c'est que la civilisation Caral s'est effondrée définitivement, non sans avoir préalablement totalement enfoui leur site. La cité entière, y compris les pyramides, a été recouverte de montagnes de terre et de pierres, à tel point que les collines ainsi formées ressemblaient aux autres collines environnantes. Pourquoi ont-ils pris autant de peine ? Que voulaient-ils cacher ou préserver ?

Il est d'ailleurs curieux de constater que dans d'autres régions du monde, d'autres civilisations, dont l'origine est également inconnue, ont également disparu tout aussi brutalement, sans que l'on comprenne pourquoi !

La civilisation olmèque

C'est dans les années 1850 qu'un paysan de Hueyapan de Ocampo, un petit village mexicain de la région de Veracruz, découvre le premier vestige de cette civilisation. Alors qu'il effectuait des travaux agricoles sur une parcelle, il dégage un gros bloc de pierre qui dépassait du sol. Imaginez sa surprise en découvrant qu'il s'agissait d'une énorme tête sculptée, d'aspect étrange. Le visage est rond, le nez épaté, les lèvres épaisses, et une sorte de coiffe entoure la tête jusqu'aux yeux. À ce moment-là, il ne savait pas qu'il venait de mettre au jour une tête emblématique d'une ancienne civilisation jusqu'alors inconnue, celle du peuple olmèque.

Il a fallu près d'un siècle avant que les premières campagnes ne commencent sur le site de "Tres Zapotes". Très rapidement, de nouvelles têtes colossales apparaissent, ainsi que des hommes-jaguars et de petites figurines en jade.

Grâce à la datation au carbone 14 de certaines pièces, on a rapidement réalisé que cette nouvelle civilisation était antérieure à celle des Mayas, considérée jusqu'alors comme la plus ancienne des cultures mésoaméricaines.

D'autres campagnes, lancées à partir des années 1970, ont révélé l'existence de plusieurs centres urbains, de constructions variées, de pyramides, de terrains de jeu de balle, ainsi que d'autres têtes géantes. Taillées dans des blocs de basalte, ces têtes mesurent entre 1,60 mètre et plus de 3 mètres de hauteur. La plus petite pèse 6 tonnes, tandis que la plus volumineuse est estimée à plus de 40 tonnes. Elles présentent toutes des caractéristiques physiques similaires : une tête coiffée d'un casque, un visage rond et large, un nez et des lèvres de type négroïde, et des yeux en amande. Seuls quelques détails les différencient.

Les sites s'étendent du sud du Mexique jusqu'en Colombie. Les premiers remontent officiellement à environ 1 500 ans avant notre ère, les plus importants étant ceux de La Venta et Villahermosa dans le Tabasco, ainsi que San Lorenzo, Tres Zapotes et Laguna de los Cerros dans le Veracruz.

San Lorenzo est le site le plus ancien connu à ce jour. En plus des têtes traditionnelles et de constructions diverses, plus d'une vingtaine de réservoirs d'eau artificiels y ont été découverts, alimentés par un réseau sophistiqué de canalisations, ainsi qu'un aqueduc.

Le site de La Venta se trouve près de Tula, dans la province de Tabasco. Il a été construit sur un îlot marécageux du Rio Tonala, couvrant plus de 5 km², et représente le plus grand centre cérémoniel olmèque connu à ce jour.

Un archéologue américain, Matthew Stirling, qui a dirigé les fouilles du site de La Venta, a fait plusieurs découvertes marquantes, dont la plus grande pyramide olmèque connue à ce jour.

Un mur étrange, constitué de 600 colonnes de basalte mesurant 3 mètres de haut, étroitement liées les unes aux autres, formant une sorte de rempart infranchissable. Les habitants du site craignaient-ils un ennemi potentiel ? Il devait y avoir une bonne raison pour construire une telle structure, car chaque colonne ne pèse pas moins de 2 tonnes et provient de carrières situées à plus de 100 km de là !

Mais la découverte la plus étrange faite par l'archéologue est celle d'une imposante stèle en pierre mesurant plus de 4 mètres de haut et 2 mètres de large, représentant deux personnages élégamment vêtus. L'une des deux gravures est en mauvais état, mais la seconde révèle un homme barbu aux traits fins, au nez droit, aux cheveux raides, typique des caucasiens.

D'autres sculptures représentant des hommes de type européen ont également été découvertes... Qui étaient ces personnages ? Le sculpteur ne pouvait pas inventer des traits raciaux qu'il n'était pas censé connaître.

Le site de Monte Albán présente également son lot de mystères. Datant de 3 000 ans avant notre ère selon certains, et de 1 500 ans avant notre ère selon d'autres, il est le site le plus important de la vallée de Oaxaca. Il impressionne par ses pyramides, ses monticules, ses terrasses et ses canaux artificiels sculptés littéralement dans la montagne, sans oublier l'immense place rectangulaire appelée "la Plaza Grande".

Difficile d'expliquer comment ces constructions ont pu être réalisées. On estime que la population environnante ne dépassait pas les 20 000 personnes, lesquelles devaient s'occuper de leurs travaux quotidiens, notamment l'agriculture. Comment auraient-elles pu réaliser ces constructions gigantesques et transporter le volume énorme de matériaux nécessaire ?

On ignore quelle méthode de transport les Olmèques ont utilisée pour acheminer leurs sculptures géantes, certaines pesant plusieurs dizaines de tonnes. Le relief entre les lieux de production et les lieux de destination est à la fois accidenté et couvert de marécages. Les archéologues ont évoqué la technique des rondins de bois pour une partie du trajet et le transport fluvial quand c'était possible. Cependant, il est beaucoup plus facile de formuler des hypothèses que de les mettre en pratique !

Imaginez le travail préalable nécessaire à une telle opération. Il aurait fallu niveler le terrain, qui est loin d'être plat, puis construire des sortes de chaussées temporaires, et donc déplacer d'énormes quantités de matériaux. Et il aurait fallu répéter cette opération de transport autant de fois qu'il y avait de statues.

Le problème de la datation des principaux centres olmèques est également sujet à débat. Les têtes colossales, tout comme les stèles en pierre, ne peuvent être datées avec certitude. La période de production de ces sculptures est donc inconnue, tout comme sa durée, qui pourrait avoir été d'un siècle ou d'un millénaire. Il est possible que des sculptures en bois aient également été réalisées, mais elles n'ont pas résisté à l'épreuve du temps.

Selon les historiens, la civilisation olmèque aurait succédé à la culture Caral (entre - 3000 et - 1800 avant notre ère). Les têtes Caral sont indéniablement indiennes, tandis que la plupart des têtes sculptées olmèques suggèrent une origine africaine, australienne ou polynésienne. Cependant, rien ne prouve que ces sculptures représentent réellement l'apparence des Olmèques. Il est possible que ces statues à l'apparence négroïde représentent simplement des visiteurs venus d'ailleurs.

Une petite poterie découverte à La Venta représente un éléphant. Certains en ont conclu que si les Olmèques connaissaient cet animal africain, c'est tout simplement parce qu'ils connaissaient l'Afrique ! D'autres ont même évoqué l'île de l'Atlantide, où des éléphants auraient également vécu.

À moins que la culture olmèque ne soit bien plus ancienne qu'on ne le pense, car des paléontologues brésiliens affirment que la présence de pachydermes en Amérique du Sud remonte à 45 000 ans avant notre ère. Ils se basent sur la découverte d'une dent d'éléphant fossilisée dans la jungle amazonienne, au nord du Brésil, pour étayer leur thèse.

En réalité, on sait très peu de choses sur le peuple olmèque, pas même leur nom d'origine. Ce sont les Aztèques qui les ont baptisés "Olmèques", ce qui signifierait "hommes caoutchouc", probablement en référence aux balles en caoutchouc qu'ils fabriquaient.

Déjà 1 500 ans avant notre ère, les Olmèques avaient atteint un stade de développement très avancé. D'où venaient-ils ? Personne ne le sait. Comment vivaient-ils, comment étaient-ils organisés, quelle langue parlaient-ils, quelles croyances partageaient-ils ? Autant de questions qui restent sans réponse.

Mis à part les célèbres têtes et quelques statuettes, rien n'a été découvert, pas même un squelette, qui pourrait nous en dire davantage sur ce peuple.

La civilisation olmèque, tout comme celle de Sumer ou de l'ancienne Égypte, semble avoir émergé subitement, déjà entièrement constituée. Pourtant, il est évident que leur savoir-faire technologique a dû se développer sur plusieurs centaines, voire milliers d'années. Malgré des années de fouilles, les archéologues n'ont jamais trouvé la moindre trace de leur phase de développement !

Comment les Olmèques ont-ils pu acquérir un tel niveau de connaissances et de technologies ? Leur urbanisation était avancée, ils maîtrisaient l'architecture, la sculpture, les techniques d'extraction et de transport des énormes blocs de pierre nécessaires. Ils avaient créé un système d'irrigation ingénieux et complexe pour améliorer leur agriculture. Ils auraient également été les premiers à cultiver le maïs il y a environ 2 200 à 2 500 ans avant notre ère. Ils utilisaient le tabac et diverses substances hallucinogènes. Ils maîtrisaient l'utilisation de la roue, du pétrole pour les lampes, la création artisanale de bijoux et de poteries, l'exploitation et l'utilisation du latex à l'état liquide pour soulager les maux d'estomac, puis à l'état solide pour fabriquer des balles de caoutchouc.

Ce sont vraisemblablement les Olmèques qui sont les inventeurs du jeu de balle le plus ancien au monde. Il était pratiqué il y a plus de 4 000 ans, peut-être dans le cadre d'un rite quelconque. Ce jeu consistait à faire passer une balle en latex dans un anneau de pierre en utilisant n'importe quelle partie du corps. Ce sport ou ce rite devait représenter un événement majeur, car on a découvert plus d'un millier de terrains de jeu de balle sur les sites olmèques, dont la construction devait nécessiter des travaux colossaux.

Cette civilisation maîtrisait un certain nombre de connaissances astronomiques, des notions de nombres, de calcul et de datation. Ils connaissaient la durée de l'année et possédaient un calendrier. Étaient-ils les inventeurs de toutes ces sciences ou les avaient-ils héritées ?

La découverte de sculptures monumentales ornées de signes, de céramiques très anciennes gravées de sortes de codex, et enfin de la fameuse "stèle de Cascajal" gravée de glyphes, a apporté la preuve que les Olmèques maîtrisaient bel et bien un système d'écriture. Il s'agit de la première écriture connue de Mésoamérique, voire de tout le continent, qui ne ressemble à aucune autre. Là aussi, ont-ils hérité de cette forme d'écriture ou l'ont-ils inventée ?

Bien que cette civilisation ait atteint un niveau très avancé, elle a totalement disparu en très peu de temps, ce qui demeure un mystère.

Comme c'est souvent le cas dans de telles situations, les chercheurs ont évoqué les causes classiques telles qu'une révolution sociale, une guerre, des changements climatiques ou un tremblement de terre. Cependant, ces hypothèses, ne reposant sur aucun indice concret, et elles ont peu de chances d'être la véritable raison, surtout si l'on considère un fait surprenant : tous les centres olmèques ont été détruits... apparemment par les Olmèques eux-mêmes ! Les monuments ont été partiellement démolis, et même les statues en basalte extrêmement dur ont été mutilées. De plus, ils ont ensuite pris la peine d'enterrer tous ces monuments et statues, ce qui a dû leur demander beaucoup de temps et de travail. Pourquoi ont-ils pris la peine d'effacer toutes les traces de leur civilisation ?

Il est curieux de noter que d'autres destructions de civilisations, comme celle des Carals qui les ont précédés ou celle des Mayas plus tard, posent la même question !

Ces civilisations avancées, apparaissant soudainement et disparaissant tout aussi mystérieusement, soulignent notre réelle méconnaissance du passé, que tous les efforts de nos historiens ont du mal à masquer.

9 MYSTÉRIEUSE ÉGYPTE

L'ancienne Égypte

Nous connaissons tous la civilisation égyptienne à travers les pyramides et les temples qu'elle nous a légués. Certains prétendent que cette civilisation est bien plus ancienne que ces monuments, tandis que d'autres soutiennent que les dates de construction de ces monuments sont bien antérieures à celles officiellement admises...

Une chose est certaine, l'histoire de l'Égypte ancienne est extrêmement controversée, de même que la chronologie des pharaons. En règle générale, les égyptologues considèrent que l'histoire de l'Égypte antique débute avec la période prédynastique, qui s'étend de -7000 à -3000 avant notre ère.

Selon la version officielle, les premiers habitants de l'Égypte étaient des chasseurs-cueilleurs et des pêcheurs apparus il y a 15 000 à 18 000 ans avant notre ère. Selon les égyptologues, Narmer, parfois identifié à Ménès, est considéré comme le premier représentant de la dynastie zéro, qui précède les trente dynasties officiellement reconnues, conformément à la liste établie par le prêtre Manéthon au IIIe siècle de notre ère.

La période pharaonique aurait duré un peu plus de 3 000 ans et serait divisée en 11 grandes périodes comprenant 33 dynasties de souverains. Cependant, cette version est vivement contestée, et certains font remonter l'histoire de l'Égypte bien plus loin. Comment expliquer que cette civilisation disposait, dès 3000 avant notre ère, de connaissances aussi avancées en mathématiques, astronomie, architecture, etc. ? Il est évident qu'elle n'a pas pu acquérir ces connaissances du jour au lendemain !

Pendant longtemps, la palette de Hiérakonpolis, également appelée palette de Narmer, a été considérée comme le plus ancien document historique officiellement reconnu. Il s'agit d'une palette à fard portant des hiéroglyphes, datée de 3100 avant notre ère. Les inscriptions qui y figurent racontent l'unification de la Haute et de la Basse-Égypte par le roi Narmer.

Cependant, cette pièce conservée au Musée égyptien du Caire n'est peut-être pas le plus ancien document historique. Le plus ancien est aujourd'hui revendiqué par le Dr John Coleman Darnel, professeur d'égyptologie et directeur de l'Institut égyptologique de Yale en Égypte. Il est l'auteur d'une découverte majeure faite en 1999 au djebel Tjauti, sur une falaise située en plein désert, à une vingtaine de kilomètres au nord-ouest de Louxor. Alors qu'ils étudiaient les anciennes routes commerciales dans le désert, lui et son épouse, également spécialiste en archéologie égyptienne, ont découvert des proto-hiéroglyphes, des inscriptions préfigurant l'écriture des anciens Égyptiens. Ces hiéroglyphes taillés dans le calcaire remonteraient à plus de 5250 ans et font référence à un roi antérieur au premier pharaon de la Première Dynastie de la liste officielle classique.

Cette découverte a une autre implication importante : ces hiéroglyphes représenteraient une écriture antérieure à celle de la Mésopotamie antique.

Auparavant, vers 1890, l'archéologue et égyptologue français Emile-Clément Amelineau avait déjà découvert des preuves de l'existence d'un peuple avancé antérieur à la première dynastie officielle. Il a effectué des fouilles dans la nécropole royale d'Abydos, à 400 km au sud du Caire, où il a mis au jour des tombes contenant des dépouilles datées de 3316 ans avant notre ère.

Amelineau avait mis en évidence les traces d'un peuple de race noire appelé les Anu ou Aunu. Ce peuple maîtrisait parfaitement l'agriculture, l'élevage, l'écriture et le travail des métaux. On leur attribue la fondation de plusieurs villes antiques, notamment Esna, également appelée Anutseni, Ermant ou Anu Menti, Qush, Gebelein et Anu qui devint Héliopolis.

Certains estiment que les plus illustres personnages de l'Égypte ancienne, tels qu'Osiris, Isis, Horus et Hermès, pourraient être issus de cette ancienne race Anu. Il convient de noter que de nombreuses personnes reconnaissent à ces personnages une véritable réalité historique, comme c'est le cas d'Osiris, par exemple, né à Thèbes, fils de Geb et de Nut...

Selon Amelineau, les Anu possédaient une véritable organisation sociale et maîtrisaient parfaitement l'écriture et l'art des métaux.

Cependant, le peuple Anu n'est qu'un parmi d'autres ayant contribué à la civilisation égyptienne. Il faut également citer les Mesnitu, parfois assimilés aux Shemsu-Hor issus de Ta Neteru (La Terre des Dieux), dont la localisation précise reste difficile. Eux aussi maîtrisaient les métaux et d'autres sciences. On pense qu'ils auraient fini par dominer le peuple Anu.

D'autres peuples, dont on connaît peu de choses, semblent avoir occupé les régions limitrophes à la même époque : les Nehesy au-delà de l'actuel Soudan, les Temehu du côté libyen et les Aamu dans les régions montagneuses d'Égypte. Ces peuples possédaient également un niveau de culture élevé pour l'époque.

Il semble que l'existence de ces peuples remonte loin dans le temps, puisque l'on a retrouvé à Qadan, au sud d'Assouan, des sépultures très élaborées datant de -13 000 à -9 000 avant notre ère. Cela ferait d'eux des peuples beaucoup plus anciens que les Sumériens.

Ces peuples n'étaient cependant pas de simples chasseurs-cueilleurs, comme on l'a longtemps prétendu. Ils maîtrisaient des techniques agricoles élaborées, possédaient un bon niveau de culture et développaient des connaissances avancées.

Il ne fait aucun doute qu'avant la première dynastie officielle, une civilisation avancée existait déjà en Égypte, à moins d'imaginer que leur héritage scientifique et culturel leur soit tombé du ciel.

Il existe un document qui pourrait nous offrir une piste à explorer, il s'agit du Canon royal de Turin, également appelé Papyrus de Turin, conservé parmi la collection de papyrus égyptiens au Musée égyptologique de Turin. Il mentionne une liste de souverains de l'Égypte ancienne remontant jusqu'à -100 000 ans... ! L'histoire de l'Égypte, et par conséquent celle de l'humanité, serait-elle infiniment plus ancienne que ce qui est officiellement admis ?

Ce précieux document a été découvert en 1820 dans la nécropole thébaine par Bernardino Drovetti, un antiquaire italien naturalisé français qui était alors consul de France en Égypte. Le Musée de Turin l'a acquis vers 1823, d'où son nom de Papyrus de Turin. À l'origine, en relativement bon état, le parchemin mesurait 1,07 m de long sur 0,41 m de hauteur. Malheureusement, il est aujourd'hui fragmenté en environ 160 morceaux en raison de mauvaises conditions de conservation et de manipulation.

Ce papyrus est écrit en langue hiératique (hiéroglyphes simplifiés). Le célèbre égyptologue français Jean-François Champollion s'y est intéressé et a commencé à le déchiffrer, complété ensuite par Gustav Seyffarth, un égyptologue d'origine allemande.

Malheureusement, en raison du très mauvais état du papyrus, seulement 50% de sa surface a pu être reconstituée. Ainsi, le début et la fin de la liste sont aujourd'hui perdus, ce qui nous prive de précieuses informations.

Ce papyrus est daté du règne du pharaon Ramsès II (-1279 à -1213), mais il est probable que le scribe qui l'a rédigé n'a fait que recopier la liste d'un document bien plus ancien.

La grande particularité de ce document réside dans son verso. Avant sa détérioration, il présentait les noms d'environ 300 souverains, avec la durée respective de leur règne. De plus, cette liste mentionne non seulement des rois "humains", mais aussi, pour les premiers d'entre eux, des "dieux" et des "demi-dieux"...

Il y a en tout onze colonnes de texte, chaque ligne énumérant le nom d'un roi dans son cartouche, suivi du nombre d'années de son règne. Les durées de règne les plus anciennes, celles correspondant aux "dieux", sont particulièrement longues, similaires à celles des premiers souverains de Sumer. Ainsi, Seth aurait régné 200 ans, Horus 300 ans et Thot 3 126 ans... Cette lignée particulière de pharaons divins aurait régné pendant un total de 13 420 ans !

Le Papyrus de Turin n'est d'ailleurs pas le seul document faisant mention de pharaons prédynastiques. La stèle dite de Palerme mentionne également 120 rois remontant à des milliers d'années, jusqu'à Horus lui-même, qui aurait régné sur l'ancienne Égypte.

La pierre ou stèle de Palerme faisait initialement partie d'un monument dont l'emplacement nous est inconnu, et sur lequel figuraient les fameuses annales royales. La stèle est un fragment en basalte noir, qui se trouve aujourd'hui au musée archéologique Salinas à Palerme.

À l'origine, elle mesurait environ 2,20 m de hauteur sur 61 cm de largeur et 6,5 cm d'épaisseur, et portait des inscriptions sur ses deux faces. Malheureusement, elle a été brisée en plusieurs fragments, dont beaucoup ont disparu. Outre le fragment exposé au musée de Palerme, six autres fragments sont connus, cinq étant conservés au musée du Caire et le dernier à l'"University College" de Londres.

La datation de la pierre de Palerme divise les égyptologues, certains pensent qu'elle ne serait qu'une copie d'un original beaucoup plus ancien. Ces "Annales Royales" sont divisées en deux registres : le premier présente les noms des rois, tandis que le second rapporte les événements marquants de chaque règne. Malheureusement, cette liste est lacunaire, avec des datations confuses, ce qui donne lieu à diverses interprétations. Néanmoins, elle reste une source historique importante et instructive concernant les premières dynasties de l'Ancien Empire.

Selon ces Annales, chacun des "dieux" de la toute première dynastie aurait régné pendant plusieurs centaines d'années, de -33 894 à -23 642 avant notre ère ! Ensuite, une autre lignée, celle des "Shemsu-Hor" (les suivants d'Horus), aurait régné pendant 13 400 ans avant que les pharaons que nous connaissons leur succèdent.

Il est intéressant de noter que tout comme sur le Papyrus de Turin, une durée extrêmement longue est attribuée à chacun des "dieux" des origines, soit plusieurs centaines d'années. Cela correspond aux durées de règne des anciens rois de Sumer, ainsi qu'à celles mentionnées dans la Bible.

Selon ces documents, l'histoire de l'Égypte remonterait à plus de 33 000 ans, et non à seulement 3 000 ans comme le prétendent les historiens. Les anciens Égyptiens affirmaient d'ailleurs que leur civilisation provenait directement de ces êtres qualifiés de "dieux", arrivés sur Terre plusieurs milliers d'années avant les dynasties pharaoniques.

Des tombes ont été découvertes à Qadan, au sud d'Assouan, qui renforcent les preuves de l'existence d'une civilisation avancée bien avant la première dynastie. Leur datation les situe entre -13 000 et -9 000 ans avant notre ère, donc antérieures à la civilisation sumérienne. De même, un squelette entouré de poteries a été découvert dans la région de Denderah par des archéologues belges, datant d'environ -30 000 à -33 000 ans avant notre ère.

Le prêtre et chroniqueur byzantin Georges le Syncelle fait référence à une tablette égyptienne qui s'est révélée être un calendrier couvrant une période de 36 525 ans, avec 25 cycles sothiaques. Le poète grec Hésiode, du VIIIe siècle avant notre ère, rapporte également une généalogie des dynasties "célestes" ayant régné sur Terre, qu'il prétend tenir des Grands Prêtres égyptiens eux-mêmes.

Au IIIe siècle avant notre ère, le grand prêtre Manéthon, originaire de Sebennytos, a écrit l'histoire de l'Égypte appelée "Aegyptiaca". Il y mentionne ces dynasties de "dieux" ou "demi-dieux" en se basant sur les sources de la bibliothèque d'Alexandrie auxquelles il avait accès. Malheureusement, cette œuvre est fragmentaire, car l'Aegyptiaca est largement incomplète.

Pour les égyptologues qui défendent la doctrine officielle, ces pseudo-pharaons n'ont jamais existé et seraient purement mythiques. Cependant, il est légitime de s'interroger sur leur position, car ils se réfèrent aux datations de Manéthon, reconnues comme très fiables pour les dynasties officiellement acceptées, tout en rejetant celles des dynasties plus anciennes au prétexte qu'elles relèvent du mythe...

Les égyptologues semblent très doués pour la gymnastique intellectuelle : Manéthon est considéré comme une référence fiable, sauf lorsqu'il s'agit d'épisodes dérangeants, tels que les souverains d'origine "divine" ayant régné de -33 894 à -23 642 avant notre ère. On comprend parfaitement que les égyptologues aient du mal à assimiler des datations aussi éloignées des standards habituels ! Manéthon est pourtant très disert sur ces dynasties qualifiées de "divines", et les réparti en trois catégories : les "dieux", les "héros" et les "manès". Les "dieux" sont eux-mêmes subdivisés en sept sections, chacune dirigée par un "dieu" tel qu'Horus, Anubis, Thot, Ptah, Osiris, Ra, etc. Il explique que ces souverains divins seraient originaires de la Terre, mais qu'ils l'auraient quittée à un moment donné, dans un passé lointain, pour rejoindre les cieux. Ces voyages ne seraient pas métaphoriques, mais bien réels d'un point de vue astronomique. Quant aux souverains de la catégorie des "héros", ils auraient été des êtres dotés de pouvoirs jugés surnaturels, tandis que les "manès" étaient des êtres glorieux.

Les anciens Égyptiens ont toujours considéré que leur civilisation avait pour origine des "êtres divins", et le terme "divin" doit sans doute être compris comme "venant d'ailleurs". Les différents documents que nous avons examinés attestent de cette même histoire...

L'historien Eusèbe de Césarée, né en Palestine vers -265, déclare avoir lu toutes les œuvres qui lui étaient accessibles à son époque et rapporte, lui aussi, qu'en Égypte, des souverains d'origine divine avaient régné pendant 13 900 ans, suivis d'une dynastie de demi-dieux et de héros qui ont régné pendant 11 025 ans.

Plutarque, né à Chéronée en Béotie, région de la Grèce centrale, vers 46 et mort vers 125, fut un influent penseur, philosophe et biographe. À travers ses écrits, on apprend qu'Osiris a été pharaon d'Égypte et qu'il a construit Thèbes, connue aujourd'hui sous le nom de Louxor. Osiris, ainsi que les autres "Rois-divins", auraient selon lui eu une véritable existence historique et terrestre.

Des inscriptions murales du Temple d'Edfou expliquent que les "Dieux" des origines ont survécu à l'inondation qui avait détruit leur ancien royaume, faisant référence à nouveau au déluge. Après avoir parcouru le monde à la recherche de lieux propices à un nouveau départ, ils se seraient installés en Égypte, dans un endroit que les Égyptiens ont baptisé Henen-nesut, ce qui signifie "La maison de l'enfant royal", et dont il est précisément fait référence sur la pierre de Palerme.

Poursuivons avec des propos susceptibles de faire réagir les gardiens du temple... En février 2018, lors d'une interview, le Dr Khaled Saad, directeur des Antiquités Préhistoriques au Ministère des Antiquités Égyptiennes, a fait une déclaration : ses équipes auraient découvert dans le sud du Sinaï une ville vieille de 15 000 ans et plus de 300 sites datant de 150 000 à 500 000 ans !

Cette information n'a pas suscité beaucoup de réactions dans les médias occidentaux, mais a provoqué une vive réaction dans la sphère anticomplotiste. Il est vrai que cela va à l'encontre des 7 000 ans de l'histoire officielle, mais est-ce pour autant un complot ? Khaled Saad est un égyptologue reconnu occupant un poste respectable, et non un individu farfelu. Qu'est-ce qui dérange tant les gardiens du temple ?

Après tout, de nombreux indices suggèrent que les constructions emblématiques de l'Égypte sont bien plus anciennes qu'on ne nous le dit, et relèvent d'un savoir-faire et d'une technologie encore incompris de nos jours. Les chercheurs, qu'ils soient officiels ou non, qui ont tenté d'apporter une réponse satisfaisante à cette question délicate, n'ont jamais convaincu grand monde, à part ceux qui partageaient déjà leurs convictions.

Revenons aux propos du Dr Khaled Saad. Le moins que l'on puisse dire est qu'ils étaient inattendus et contrastent avec le consensus de l'égyptologie. Il situe la ville qu'il prétend avoir découverte dans la région des nawamis, dans le sud du Sinaï. Les nawamis sont des tombes préhistoriques datant de la fin du IVe millénaire, qui se présentent sous la forme de tours peu élevées. Deux sites sont connus le long de la route de Dahab à Sainte-Catherine, dans le sud du Sinaï. Les ruines de la très ancienne ville mentionnée par Khaled Saad se situeraient donc à proximité immédiate, sans plus de précision.

Le professeur Walter Bryan Emery (1903-1971), un égyptologue anglais, a mené pendant de longues années de nombreuses fouilles en Égypte. Parmi toutes ses découvertes, il a mis au jour des tombes de l'époque prédynastique dans le nord de la Haute-Égypte. Les squelettes présentaient des caractéristiques inhabituelles : ils étaient plus grands que la moyenne et avaient des crânes dolichocéphales. Ces crânes sont allongés dans leur partie supérieure et ont un volume supérieur à la normale, à l'image du crâne du pharaon Akhenaton que nous connaissons par ses représentations. Les égyptologues expliquent que les crânes dolichocéphales sont le résultat d'un traitement infligé aux nouveau-nés consistant à leur bander la tête jusqu'à l'adolescence afin de les allonger artificiellement...

Cependant, bien que cette technique ait effectivement été utilisée pour obtenir ce résultat, elle ne permet pas d'augmenter le volume du crâne ni de modifier sa structure osseuse initiale, et encore moins d'expliquer pourquoi les crânes des jeunes enfants présentent la même caractéristique.

Dans mon livre "Une vérité qui dérange - Nous ne sommes pas les premiers sur terre", je développe un chapitre sur ce sujet. Cette découverte n'est pas une exception, car on a trouvé des crânes dolichocéphales dans plusieurs régions du monde. On dit qu'ils appartenaient à une race dominante qui coexistait avec les humains normaux et se consacrait à l'enseignement et à la prêtrise.

Le professeur Emery a assimilé ceux qu'il a découverts en Égypte aux disciples d'Horus ou Shemsu-Hor. Ces mystérieux "Shemsu-Hor" ou "compagnons d'Horus" ont précédé les dynasties pharaoniques. Ils représentaient en effet une civilisation remarquable par son niveau de connaissance, sans que l'on sache d'où elle provenait...

Mais les interrogations et les désaccords sur l'histoire de l'Égypte antique ne s'arrêtent pas là, comme nous le verrons avec le Sphinx et les pyramides...

La grande pyramide et ses mystères

L'ancienne civilisation égyptienne est une véritable énigme et possède quelques-uns des monuments les plus mystérieux du monde. La grande pyramide de Khéops est sans aucun doute le plus célèbre d'entre eux. Il s'agit du plus volumineux monument de pierres de taille jamais réalisé et de la seule survivante des Sept Merveilles du monde.

La grande pyramide a été et demeure le sujet de tous les fantasmes, de toutes les théories et de toutes les polémiques. La dernière en date émane du milliardaire américain Elon Musk, qui a déclaré que les Aliens avaient construit les pyramides...

Les interdits et la censure des autorités égyptiennes autour de la Grande Pyramide contribuent à entretenir de nombreux questionnements et à alimenter le mystère. Il n'est donc pas étonnant que les théories les plus folles et les plus contradictoires circulent à son sujet.

Il est vrai que la structure de la Grande Pyramide est hors du commun, surtout pour l'époque supposée de sa construction : elle couvre 5 hectares et mesurait 146 mètres de hauteur, 230 mètres de côté à la base, avant d'être dépouillée de son parement extérieur et de son pyramidion. Son poids est estimé à 5 000 000 de tonnes ! Environ 2 590 000 mètres cubes de pierres ont été utilisés pour sa construction, soit entre 2,3 et 2,5 millions de blocs, dont certains pèsent plusieurs dizaines de tonnes ! De plus, la pyramide a été construite avec une précision extraordinaire qui défie l'imagination.

Les milliers de pierres du revêtement extérieur pesaient jusqu'à 10 tonnes chacune et ont été pillées au XIVe siècle. Ces pierres s'ajustaient avec une précision telle qu'il était impossible d'insérer quoi que ce soit entre les joints.

Comment ces énormes pierres de parement ont-elles été taillées, transportées et assemblées avec autant de précision, en utilisant des moyens aussi limités que ceux de l'époque ?

Les dimensions des quatre côtés à la base sont d'une longueur égale, avec une variation de seulement 0,05 % ! De plus, les quatre angles sont remarquablement alignés avec les quatre points cardinaux.

Sa base est carrée et possède donc quatre faces qui semblent droites, mais en réalité, chaque face est légèrement incurvée avec une arête qui les divise en deux parties égales, du haut en bas.

Il serait donc plus exact de dire que la Grande Pyramide a huit faces. Ce phénomène est surtout visible aux équinoxes, lorsque les rayons solaires rasent les faces nord et sud. À ce moment précis, une moitié de chacune de ces faces est à l'ombre et l'autre au soleil.

Le monument a été construit en utilisant d'énormes blocs de pierre, disposés en niveaux, chaque rangée étant légèrement en retrait par rapport à celle du dessous. Sa forme générale est classique, à l'exception du fait qu'elle ne présente plus tout à fait le même aspect qu'à l'origine, car elle a perdu son parement de recouvrement extérieur ainsi que le pyramidion qui coiffait son sommet.

Ce qui rend ce monument vraiment exceptionnel, ce sont ses dimensions et les prouesses technologiques mises en œuvre pour sa construction. Même Alexandre le Grand s'interrogeait sur l'origine de ce chef-d'œuvre.

La complexité et le volume de la Grande Pyramide restent inégalés, en en faisant de loin la plus importante et la plus sophistiquée des pyramides égyptiennes.

On peut légitimement se poser une question : pourquoi toutes les pyramides construites ultérieurement reflètent-elles des dimensions et une technologie en nette régression, traduisant un déclin manifeste dans l'art de la construction des pyramides ?

Si l'ampleur du chantier nous laisse perplexe, ses dimensions particulières, sa perfection géométrique, sa position géodésique et la précision de son orientation nous interpellent et en font un monument vraiment unique.

Ses dimensions ne semblent pas relever du hasard, puisqu'on retrouve le nombre d'or ou "divine proportion" décliné à de nombreuses reprises dans ses proportions. Son orientation est incroyablement précise, avec seulement 3 minutes de différence par rapport au vrai nord, et même cette marge est probablement due à un léger déplacement du pôle terrestre...

Les concepteurs du projet devaient forcément maîtriser les mathématiques, l'architecture, l'astronomie, la géologie, la technologie et bien d'autres disciplines pour réaliser un tel projet !

Selon les normes de construction modernes, les ingénieurs estiment que le taux d'affaissement maximum admissible est de l'ordre de 10 à 15 cm par siècle. Cependant, la Grande Pyramide, pesant environ 30 millions de tonnes, ne s'est affaissée que de moins d'un centimètre en près de 4 500 ans ! La question du "comment" reste l'une des plus déroutantes. Comment les anciens Égyptiens ont-ils réussi à construire la Grande Pyramide ? Comment ont-ils pu tailler les blocs avec une telle symétrie, les transporter, les élever, les positionner et les agencer avec une telle précision ? Comment ont-ils pu réaliser l'ensemble avec une orientation aussi précise ? En réalité, personne ne peut expliquer quand, comment et pourquoi ce monument a été érigé, à part les théories très contestées de la communauté scientifique.

Les égyptologues prétendent expliquer en détail comment la Grande Pyramide a été construite, avec quels moyens, combien d'hommes et en combien de temps. Selon eux, environ 100 000 ouvriers auraient travaillé sur le chantier pendant 20 à 25 ans, en utilisant les outils rudimentaires de l'époque. Comment voulez-vous que de telles assertions ne soient pas contestées, y compris par certains archéologues d'ailleurs !

Il est important de rappeler que, selon le consensus actuel, les anciens Égyptiens ne connaissaient ni la roue ni le fer. Ils auraient donc réalisé ce travail colossal et précis avec des outils rudimentaires tels que des maillets en bois, des percuteurs en silex, des polissoirs et des herminettes en pierre, ainsi que des burins en cuivre.

Les contraintes physiques et matérielles étaient énormes. Il est difficile de croire qu'ils aient pu accomplir un tel exploit avec des moyens aussi limités.

Même avec notre outillage et notre technologie actuels, un tel chantier serait un véritable casse-tête pour les architectes et les maîtres d'œuvre. Il n'est donc pas surprenant que les théories officielles de construction et l'âge attribué à la Grande Pyramide par les égyptologues suscitent beaucoup de suspicions.

Officiellement, les premières pyramides à degrés sont apparues pendant la IIIe dynastie, la plus connue étant la pyramide de Djéser située à Saqqarah, construite vers -2600 avant notre ère par l'architecte Imhotep. Il s'agit d'une pyramide relativement simple, composée de six degrés pour une hauteur totale de 62 mètres.

Moins d'un siècle plus tard, vers -2560, la plus sophistiquée de toutes les pyramides, celle de Khéops, était construite. En quelques décennies, on est passé d'une construction basique à une technologie très avancée.

Officiellement, la Grande Pyramide aurait donc été construite il y a plus de 4 500 ans, sous la IVe dynastie, pendant le règne du pharaon Khéops, en tant que tombeau. Cependant, aucun document ni élément ne confirme sans équivoque la date réelle de sa construction ni sa destination, ce qui alimente les querelles incessantes sur le sujet.

L'attribution de la Grande Pyramide à Khéops vient du colonel Richard William Howard Vyse (1784-1853), un militaire, anthropologue et égyptologue amateur britannique. À partir de 1837, une équipe dirigée par Vyse a entrepris l'exploration des pyramides du plateau de Gizeh, y compris la Grande Pyramide. Vyse a découvert une fissure dans la cavité de Davison et a acquis la conviction qu'il y avait au moins une autre cavité à proximité. Après avoir créé un passage à l'explosif, il a effectivement découvert une deuxième cavité, puis une troisième, une quatrième et enfin une cinquième. Ce qui a surpris certains et semblé miraculeux à d'autres, c'est que Vyse aurait découvert des graffitis dans trois des quatre cavités. Ces cavités scellées étaient censées être restées inviolées depuis la construction de la pyramide. Sur l'un des énormes blocs de la chambre de décharge, il aurait découvert le célèbre cartouche révélant le nom de Khéops. Les autres inscriptions trouvées par Vyse et son équipe pourraient simplement être des repères laissés par les ouvriers pour mémoriser l'emplacement ou le sens de chaque bloc.

Il faut préciser que la Grande Pyramide est vierge de toute inscription ou hiéroglyphe, à l'exception de celles découvertes par Vyse. Sa découverte, pour le mins étonnante et inattendue va donc soulever la polémique, et très vite, il est soupçonné d'être l'auteur de ce cartouche. Il est vrai qu'un seul découvreur, pour autant d'inscriptions, dans un périmètre aussi limité, peut légitimement éveiller les soupçons ! Curieusement d'ailleurs, lors de sa première description des cavités, il ne fait mention d'aucune inscription, signe ou cartouche, et ce n'est que le jour suivant qu'il en fera état. Certains l'accusent ouvertement d'avoir « fabriqué » cette découverte pour se forger une réputation et surtout redorer son blason vis-à-vis de ses soutiens financiers...

Aujourd'hui encore, le seul cartouche de Khufu, Khéops en grec, jamais trouvé à l'intérieur de la Grande Pyramide, reste celui de Vyse. L'association de Khéops avec la Grande Pyramide ne repose donc que sur la seule présence de ce cartouche à son nom sur un mur d'une cavité... Autant dire que l'édifice intellectuel est fragile !

Une polémique est née également du fait que Vyse ne maîtrisait pas l'écriture hiéroglyphique, ce qui l'aurait amené à représenter le cartouche de Khufu avec la même erreur que celle découverte sur l'original peint dans la cavité, curieuse erreur qui se retrouve dans les deux livres en possession de Vyse à cette époque... D'où la suspicion de fraude.

D'autre part, d'après un récit que je n'ai pu vérifier, il existe des discordances photographiques entre le cartouche reproduit par Vyse dans son rapport, ainsi que celui reproduit par l'égyptologue anglais Samuel Birch, et le cartouche photographié récemment à l'intérieur de la pyramide... Curieusement, le cartouche original semble avoir été corrigé ou complété pour qu'il corresponde sans équivoque à celui de Khufu, ou Khéops en grec.

Mais la polémique ne s'arrête pas là – Vyse a déclaré que, quand il a pénétré pour la première fois dans les cavités qu'il venait d'ouvrir, le sol était recouvert d'une couche de résidus noirs. Les analyses ont révélé qu'il s'agissait d'insectes morts décomposés. Or, se pose la question de savoir comment ces insectes avaient pu pénétrer dans ces cavités, puisqu'elles étaient totalement hermétiques d'après Vyse lui-même... Par contre, si ces insectes étaient présents depuis l'époque de la construction de la pyramide, pourquoi n'avoir pas daté leurs résidus, ce qui aurait permis de lever les doutes au sujet de cette datation polémique ? Mais rien n'a été fait, et de surcroît, la couche de résidus a été évacuée sans qu'il n'en reste aucune trace ni prélèvement... Ce qui est fort pratique, me direz-vous.

Il est évident que l'association du nom de Khéops à la Grande Pyramide, ainsi que sa datation, ne repose que sur des suppositions, voire des malhonnêtetés, et en aucun cas sur des preuves. Il serait peut-être plus judicieux de s'intéresser aux traditions de l'ancienne Égypte qui attribuent la construction de la Grande Pyramide à Thot-Hermès, même si les égyptologues considèrent ce personnage comme mythique.

L'Égypte ancienne nous a transmis une masse considérable d'informations de toute nature au cours de ses 3 000 ans d'histoire, mais absolument rien sur la Grande Pyramide, qui a pourtant été le plus grand chantier de tous les temps. On peut réellement s'étonner de l'absence totale de traces, du moindre indice permettant d'éclairer la date de construction, la méthode employée et la destination finale de ce monument !

La polémique sur la datation de la Grande Pyramide repose également sur d'autres points : les égyptologues prétendent avoir prélevé des échantillons de mortier pour les analyser et ainsi confirmer la datation officielle de l'édifice. Or, les pharaons de presque toutes les dynasties ont effectué des restaurations sur la Grande Pyramide, il est donc évident que les archéologues ont obtenu une datation qui ne correspond en rien à celle du mortier d'origine. Conscients de ce problème, certains ont réfuté l'existence de ces restaurations... Que ne ferait-on pas pour préserver le dogme !

Une autre énigme est associée à la Grande Pyramide : elle est censée être un monument funéraire construit pour abriter la dépouille du pharaon Khéops, pourtant aucun artefact funéraire n'a jamais été découvert à cet endroit, et le coffre découvert dans la chambre du roi était vide et sans couvercle. On n'a trouvé nulle part la trace d'un ancien couvercle, comme si le coffre n'avait eu qu'une fonction symbolique.

Les égyptologues, jamais à court d'arguments, avancent l'hypothèse qu'il pourrait s'agir d'un simple cénotaphe, le coffre n'aurait été qu'un monument sans dépouille, servant uniquement à rendre hommage à Khéops. Cette théorie est bien pratique pour éluder un mystère...

Revenons à la construction de l'édifice : comment les ouvriers ont-ils fait pour acheminer et élever de tels blocs de pierre ?

Pour la majeure partie, ces blocs proviennent d'une carrière de calcaire située au pied même du plateau de Gizeh. L'extraction ne présente pas de difficultés majeures, car le calcaire se présente en strates horizontales alternant avec des couches d'argile. Néanmoins, il a fallu découper, transporter et monter ces blocs.

Pour les quelque 84 000 mètres carrés de parement extérieur, un calcaire blanc plus fin provenant des carrières de Tourah et d'El-Maasara, situées à une quinzaine de kilomètres de Gizeh sur la rive orientale du Nil, a été choisi.

Quant aux dalles de granit que l'on retrouve dans les chambres de décharge, la chambre du Roi et divers autres endroits stratégiques, elles proviennent de la région d'Assouan, à 800 kilomètres de distance !

Au total, plusieurs centaines de milliers de tonnes de blocs pesant entre 2 et 70 tonnes ont été extraits, transportés et mis en place. Tout cela a été réalisé avec un outillage des plus rudimentaires !

Un autre défi de taille se pose si l'on considère, comme on nous le dit, que la Grande Pyramide a été construite en 20 ans et qu'elle est composée d'au moins 2,3 millions de blocs de pierre d'un poids moyen de 2,5 tonnes. Cela signifie qu'il aurait fallu extraire, transporter et mettre en place 115 000 blocs par an, soit 315 par jour, chaque jour de l'année. La cadence devait donc être de plus de 13 blocs à l'heure, 24 heures sur 24 !... Soit pratiquement un bloc de plusieurs tonnes toutes les 4 minutes, et ceux sans interruption pendant 20 ans... !

De plus, selon les égyptologues, tout cela aurait été réalisé avec des outils en bois, en pierre et en cuivre... Quelle prouesse ! À moins qu'on ne nous prenne tout simplement pour des idiots !

Et qu'en est-il des théories sur le levage des blocs ? Selon la théorie officielle, une rampe de 1,5 km aurait été construite pour permettre la mise en place des blocs au fur et à mesure de l'élévation de la pyramide... On peut tout prétendre d'un point de vue théorique, mais en valider la pratique est une tout autre affaire. La construction d'une telle rampe aurait nécessité un travail colossal, encore plus important que la construction de la pyramide elle-même, selon les experts en construction. Ils ont calculé qu'il aurait fallu environ 300 000 tonnes de matériaux pour construire cette rampe, sans parler de son démontage une fois le travail terminé !

Qu'auraient-ils fait des matériaux par la suite ? Aucun égyptologue ne peut vous fournir de réponse, simplement parce qu'il n'y en a pas ! Encore une fois, tout cela relève uniquement de constructions intellectuelles.

Une autre question sans réponse concerne le transport des énormes blocs le long de la rampe. Les égyptologues prétendent que les ouvriers les auraient fait rouler sur des troncs d'arbres... Encore une théorie fumeuse, mais ils ne sont plus à une près pour démontrer l'impossible ! Imaginez un instant la quantité d'arbres qu'il aurait fallu abattre pour un tel chantier. Le chiffre avancé est de l'ordre de 25 000 000 ! Et quels arbres ? Les seuls disponibles sur place étaient des dattiers qui ne sont absolument pas adaptés pour supporter de telles charges, sans parler du fait qu'ils représentaient une source de nourriture indispensable à l'époque.

En parlant de nourriture, voilà une autre question sans réponse : comment a-t-il été possible, il y a 4 500 ans, de nourrir quotidiennement 100 000 ouvriers pendant 20 ans ? Même aujourd'hui, un tel défi exigerait une organisation impressionnante en termes de personnel, de matières premières et de logistique ! Mais ce sujet bien embarrassant n'a apparemment jamais été abordé par les égyptologues, car je n'ai trouvé nulle part de réponse à cette question pourtant essentielle !

De toutes les théories officielles élaborées derrière des bureaux, aucune n'est probante !

Les rares tentatives visant à valider les théories officielles ont lamentablement échoué. À la fin du XXe siècle, des archéologues ont entrepris de construire une pyramide à une échelle beaucoup plus modeste que celle de Khéops, mais en utilisant tous les moyens modernes de l'époque. Ils ont rapidement abandonné face à l'ampleur de la tâche. En 2017, une felouque a également été construite selon les critères de l'époque afin de transporter un bloc de pierre de moins de deux tonnes sur le Nil. Après avoir failli chavirer à deux reprises, l'embarcation n'a finalement parcouru que quelques kilomètres sans jamais atteindre son but.

Tous les vrais experts sont d'accord pour dire que la construction de la Grande Pyramide relève d'une impossibilité évidente il y a 4 500 ans, surtout avec des outils aussi rudimentaires. Même aujourd'hui, une telle entreprise constituerait un défi extrêmement difficile à relever.

Pourtant, les constructeurs de la Grande Pyramide ont relevé tous ces défis et réalisé toutes ces prouesses. Il fallait vraiment que le but recherché en vaille la peine !

De toutes les théories envisagées pour tenter d'expliquer comment la Grande Pyramide a pu être construite, l'une d'entre elles, non officielle, mérite cependant l'attention : celle faisant appel à la technique des pierres géopolymères.

Les pierres géopolymères sont en fait des pierres moulées artificiellement selon une technique mise au point par un chimiste français, Joseph Davidovits. Dans son livre publié en février 2017, intitulé "Bâtir les pyramides sans pierres ni esclaves - La science défie les égyptologues", il développe sa théorie, à la fois passionnante et très réaliste, pour concevoir rapidement un monument sans une main-d'œuvre très importante.

Selon ce principe, les Égyptiens auraient coulé sur place un agrégat liquide dans des moules en bois, qui, en quelques jours seulement, deviendraient aussi solides que la pierre naturelle. L'intérêt de cette technique, utilisée d'ailleurs de nos jours, est de permettre de construire en un temps record tout type d'édifice. L'utilisation effective de cette technique par les constructeurs de la Grande Pyramide permettrait de résoudre tous les questionnements insolubles jusqu'alors. Il n'y aurait pas de transport, d'élévation, de gravats, un encastrement millimétré et beaucoup moins d'ouvriers, etc.

Davidovits étaye d'ailleurs sa théorie de manière claire, précise et cohérente. Il a découvert la présence d'éléments artificiels dans les blocs de calcaire de la Grande Pyramide, tels que des traces de réactions chimiques, des fibres naturelles et de fines bulles d'air, propres à la polymérisation. Une fois solidifiées, ces pierres artificielles sont impossibles à différencier à l'œil nu des pierres naturelles.

La technique de géo-polymérisation est relativement simple à mettre en œuvre : il s'agit de mélanger du calcaire réduit en poudre, du kaolin, de la soude caustique et de l'eau. Une fois le tout bien malaxé, il suffit de verser le mélange obtenu dans des moules en bois et de laisser sécher. Le résultat final ressemble à s'y méprendre à une vraie pierre qui aurait été taillée.

De nos jours, cette technique est couramment utilisée pour des reproductions de statues, certains monuments, des parements extérieurs, etc.

Malgré le bon sens de cette théorie, les égyptologues l'ont très largement critiquée. Comment un simple chimiste pouvait-il se permettre de remettre en cause leur théorie ?

Pourtant, de toute évidence, l'hypothèse du chimiste en question est beaucoup plus pertinente et réaliste que celles proposées par les détenteurs et gardiens de la vérité...

Davidovits ne s'est d'ailleurs pas laissé impressionner par autant de haine et s'est attelé à démontrer le bien-fondé de sa théorie, ce qu'il a fait de manière convaincante. Il a tout d'abord procédé à des analyses poussées sur des éclats de pierre récupérés au pied de la Grande Pyramide. Les résultats lui ont permis de mettre en relief les différences bien réelles entre les éclats analysés et une pierre naturelle.

La deuxième preuve, et la plus flagrante, il la tient de la pyramide à degré de Meïdoum. À l'intérieur de cette pyramide, il existe un énorme bloc avec un morceau de poutre en bois et des éclats incrustés en son milieu. Il est absolument incontestable que le bois s'est retrouvé emprisonné lors de la fabrication du bloc en géopolymère, restant solidaire de la pierre à tout jamais. Il n'existe aucune autre explication possible...

Avouez qu'il est quand même beaucoup plus réaliste de croire en cette version, assez simple somme toute, qu'en celle, particulièrement ampoulée des égyptologues, imaginant 100 000 hommes pendant 20 ou 25 ans, traînant on ne sait comment des blocs de taille impressionnante, etc.!

N'oublions pas que certains temples égyptiens révèlent des blocs de plusieurs centaines de tonnes. Il est beaucoup plus probable que tous ces blocs aient été moulés sur place, n'en déplaise aux gardiens du dogme.

Une autre découverte est particulièrement intéressante : en octobre 2015, la Faculté d'Ingénierie de l'Université Ain Shams du Caire et l'Institut français "HIP Institute" ont lancé une mission scientifique sans précédent, sous l'égide du ministère égyptien des Antiquités nationales. Leur mission, dénommée "ScanPyramids", a consisté à radiographier plusieurs monuments clés de l'Égypte antique grâce à différentes techniques non destructives et non invasives. La pyramide de Khéops faisait bien sûr partie de la liste.

Selon Mehdi Tayoubi, président de l'institut HIP et co-directeur de la mission, l'objectif des équipes était d'utiliser toutes les techniques innovantes disponibles afin d'obtenir des réponses concrètes aux nombreuses interrogations et anomalies répertoriées.

Nous n'allons pas nous attarder sur la somme des découvertes réalisées par les différentes équipes, puisqu'il est facile de trouver sur le net un compte rendu détaillé ainsi qu'une vidéo de cette mission. Nous allons simplement ouvrir une parenthèse sur quelques découvertes faites sur la Grande Pyramide et les zones d'ombre particulièrement édifiantes et révélatrices quant à l'attitude des égyptologues.

Parmi les découvertes significatives, une cavité de 9 à 10 m² a été mise en évidence, à environ 105 mètres de hauteur, sur l'arête nord-est de la pyramide. Mais la plus importante est une cavité de plus de 40 mètres de longueur située au-dessus de la Grande Galerie, entre 60 et 70 mètres de hauteur.

Si vous avez eu l'occasion de visiter Khéops, vous avez dû découvrir la face nord en premier lieu, puisque c'est celle de l'entrée officielle. Vous avez pu remarquer, au-dessus de cette entrée, à une vingtaine de mètres de hauteur, 4 énormes poutres ou chevrons de pierre placés en V renversé. En octobre 2016, la mission ScanPyramids révèle avoir découvert un passage inconnu qui semble partir juste derrière cette zone et qui pénètre au cœur de la pyramide.

Or, il semble bien que ce passage ne soit pas totalement inconnu... L'entrée actuelle n'a pas toujours existé, elle a en fait été creusée en 820 après notre ère, sous le règne du calife Al-Mamoun. L'entrée principale d'origine se situait au-dessus, précisément sous les énormes chevrons de pierre mentionnés plus haut. Si cette entrée est aujourd'hui obturée par d'énormes blocs de pierre, il n'en a pas toujours été ainsi.

Vers la fin du XIXe siècle, cette entrée était parfaitement dégagée et totalement accessible. Il existe de nombreuses preuves, y compris photographiques, de son existence. Et bien sûr, cette entrée donnait accès au fameux couloir redécouvert par la mission ScanPyramids !

Ce constat entraîne une question : pourquoi cette entrée a-t-elle été obturée et masquée ? Pourquoi n'en fait-on jamais état ? Officiellement, elle a été bouchée parce qu'elle était trop dangereuse ! Une réponse qui ne satisfait personne, puisqu'il aurait été plus simple de la condamner par une porte. D'autre part, cette explication ne justifie pas qu'on en ait sciemment dissimulé son existence...

Tant d'efforts pour condamner une entrée en déplaçant d'énormes blocs de pierre doivent nécessairement cacher autre chose ! Il semble bien que les énormes chevrons qui surplombent cette ancienne entrée ne sont pas là par hasard et avaient pour mission d'en renforcer la sécurité. De là, une autre question : si, comme le prétendent les égyptologues, la Grande Pyramide est un tombeau, pourquoi avoir sécurisé une entrée qui aurait dû être obstruée ? En revanche, s'il s'agissait d'un accès destiné à rester ouvert, quel en était l'usage ? Peut-être que le couloir qui prolonge cette entrée mène à la fameuse salle de plus de 40 mètres, découverte par l'équipe ScanPyramids ? Et que contient cette salle, si tant est qu'elle contienne quelque chose ?

Malgré les innovations en matière de prospection, nous n'avancerons pas tant que les autorités égyptiennes n'autoriseront pas la reprise des fouilles, la réouverture de la porte d'origine et qu'ils ne lèveront pas le voile sur certains points dont ils ont parfaitement connaissance. Il est à craindre que nous ne soyons pas à la veille de découvrir la vérité sur ce monument énigmatique, tant tout est mis en œuvre pour maintenir le statu quo en place. Tout contradicteur est d'ailleurs automatiquement discrédité, une tactique classique comme nous l'avons vu précédemment, pour éviter d'avoir à affronter les problèmes de fond.

Les égyptologues ne font rien d'autre que s'acharner par tous les moyens à préserver leur vérité. Aucune place n'est concédée aux scientifiques de quelque discipline que ce soit pour analyser, vérifier, étudier le monument. Les controverses sur la Grande Pyramide pourraient être résolues si seulement les égyptologues en avaient la réelle volonté. Mais il est clair qu'ils ne l'ont pas. Pourquoi ? Tout simplement parce qu'ils savent que leurs théories sont fausses.

La Grande Pyramide de Khéops est le site le plus connu révélateur de l'omerta qui règne sur certaines connaissances. Les recherches sont filtrées, soumises à des conditions draconiennes, à des autorisations quasi impossibles à obtenir, et les résultats des rares fouilles autorisées sont soumises à un filtre officiel. De nombreuses découvertes ont été passées sous silence et continuent de l'être. Ainsi, en 2017, on a mis en évidence, grâce au radar de pénétration, l'existence d'une importante cavité à plus de 100 mètres de profondeur. Pourtant, curieusement, ce qui aurait dû être un scoop journalistique a été passé sous silence, à l'exception d'un court article dans la revue Nature.

Et alors qu'on aurait pu s'attendre à la mise en route d'investigations plus poussées pour sonder cette cavité, aucune recherche, du moins officiellement, n'a été entreprise en ce sens... Comme si on savait déjà ce que cache cette cavité, ou que l'on ne veuille pas que le grand public le sache !

De fait, même les moins curieux de ceux qui s'intéressent à l'histoire de l'Égypte ancienne, et en particulier à ses monuments emblématiques, ont conscience de non-dits, de secrets, et d'une désinformation tellement flagrante qu'elle est forcément suspecte.

Je conclurais ce chapitre en rappelant que pour l'historien égyptien Ibn ʿAbd al-Ḥakam, la Grande Pyramide avait été construite en témoignage d'un savoir antédiluvien, et aurait constitué en quelque sorte une capsule temporelle pour une civilisation future suffisamment avancée pour être capable d'accéder à ce savoir. Le temps n'est sans doute pas encore venu, à moins que les censures et les interdits qui entourent ce monument soient précisément destinés à en empêcher l'accès au commun des mortels...

Le mystère de la pyramide rouge

Assez méconnue du grand public, il s'agit pourtant de la troisième plus grande pyramide d'Égypte, avec ses 220 mètres de base environ et une hauteur avoisinant les 105 mètres.

Il faut dire que le site est resté pendant longtemps interdit d'accès du fait qu'il se situait dans une zone militaire. Il n'a été ouvert au public qu'en 1996.

Situé à une quinzaine de kilomètres de Saqqarah et à une quarantaine de kilomètres du Caire, le village de Dahchour abrite les vestiges de sept pyramides ainsi que plusieurs complexes de tombes datant des IVème, XIIème et XIIIème Dynasties. Plusieurs de ces pyramides ont été sérieusement endommagées ou totalement détruites, mais deux d'entre elles restent les mieux préservées d'Égypte.

Selon les égyptologues, elles auraient été construites sous le règne du fondateur de la IVème dynastie, le pharaon Snéfrou (-2613 -2589 avant notre ère). La Pyramide Rhomboïdale et la Pyramide Rouge, puisque c'est d'elles dont il s'agit, sont considérées comme des épreuves architecturales ayant conduit à la construction de la Grande Pyramide de Gizeh. Snéfrou étant le père de Khéops.

Le nom actuel de pyramide rouge provient de la teinte des blocs riches en fer qui composent ses faces visibles, son parement qui devait être blanc ayant disparu depuis longtemps.

La pyramide rouge, de même que la pyramide rhomboïdale, ont été attribuées à Snéfrou, premier pharaon de la IVème dynastie, mais cette attribution est totalement arbitraire puisqu'elle repose uniquement sur le rapprochement fait avec les tombes de la nécropole voisine, qui sont celles de fonctionnaires au service de ce pharaon. Rien ne prouve que ces vestiges aient un quelconque lien commun. Vous comprendrez aisément que la méthode de datation et d'attribution n'a rien de scientifique...

En vérité, on n'est sûr de rien, et il est vraisemblable que la pyramide rouge soit très antérieure à cette époque. De même, on ignore quelle était sa fonction et qui était réellement son commanditaire.

Cette pyramide présente quelques particularités étonnantes ; bien qu'elle soit associée à un ensemble funéraire, on n'y a jamais trouvé le moindre sarcophage. Curieusement, elle ne comporte aucun système de fermeture de ses couloirs d'accès. C'est la seule pyramide à posséder deux chambres avec un plafond en encorbellement...

Une troisième chambre est abusivement qualifiée de « funéraire », alors qu'il n'existe ni tombeau ni sarcophage. En fait, cette chambre ne possède même pas de plancher, à la place, une sorte de fosse remplie d'un amoncellement de pierres en désordre les unes sur les autres. Comment interpréter cette bizarrerie ? On ne le sait pas...

Par ailleurs, ces pierres entassées de façon désordonnée sont d'une composition totalement différente de toutes celles qui ont servi à édifier la structure de la pyramide, murs et plafonds inclus.

Un autre constat porte sur l'aspect de ces pierres. Alors que celles de la structure de la pyramide sont parfaitement taillées et ajustées, celles de la fosse sont tout juste dégrossies.

Pour tenter de justifier cette incohérence, on nous explique que des pilleurs se seraient livrés au démontage du plancher et auraient tout laissé en désordre...

N'a-t-on jamais vu dans une pyramide quelconque un sol éventré de la sorte par des pilleurs ? Bien évidemment non. Pourquoi vouloir à tout prix trouver des explications à tout, au risque de se rendre ridicule ! S'il est une chose évidente, c'est que cette fosse devait avoir un rôle bien particulier, mais lequel, on l'ignore.

Certains ont fait remarquer que ces pierres grossièrement dégrossies possèdent des bords arrondis, comme si l'eau les avait usés. La fosse avait peut-être une relation avec l'eau, peut-être en a-t-elle contenu, en provenance du sous-sol ? Pourquoi aussi cette pièce possède-t-elle un plafond en forme de voûte haut de 15 mètres au lieu d'un plafond plat classique ? Décidément, cette chambre revêt bien des mystères.

Une chose est sûre, cette pyramide n'est pas un tombeau, et par conséquent, ce n'est pas la dernière demeure de Snéfrou. Elle devait avoir une autre fonction qui nous échappe, qui plus est, une fonction importante. Sinon, pourquoi avoir réalisé un tel chantier ?

Il est probable que, comme la pyramide de Gizeh et le Grand Sphinx, la pyramide rouge date d'une époque bien antérieure à Khéops ou à Snéfrou. Il n'est pas du tout certain non plus que ces monuments soient l'œuvre des anciens Égyptiens, comme le prétendent les égyptologues.

Admettre l'existence d'une civilisation plus ancienne est inenvisageable pour les égyptologues, et encore moins admettre qu'elle puisse avoir atteint un niveau technologique très élevé, lui permettant de concevoir de tels exploits architecturaux.

Pour beaucoup, ces monuments seraient impossibles à reproduire de nos jours, pourtant ils sont bien là... Tenter d'en minimiser la portée ne suffit pas pour en masquer l'existence.

Le Grand Sphinx de Gizeh, une autre énigme.

Il s'agit du monument le plus célèbre et le plus emblématique de l'Égypte. Depuis des millénaires, il siège en gardien sur le plateau de Gizeh, en aval de la pyramide de Khéphren. Cet étrange monument, doté d'un corps de lion et d'une tête d'homme, est depuis longtemps le sujet de nombreuses controverses : Qui l'a construit ? Dans quel but ? Pourquoi à cet endroit ? Que représente-t-il ? Que cache-t-il ? Le monument est très loin de nous avoir dévoilé ses mystères.

C'est à la fin du XVIIIe siècle, au cours de la campagne d'Égypte, qu'un groupe de savants ayant suivi les soldats de l'armée napoléonienne a redécouvert le Grand Sphinx. Il était profondément enfoui sous le sable, et seule sa tête dépassait encore. Il fallut attendre 1817 pour que commence la première campagne de désensablage, la dernière se termina en 1826. Depuis des millénaires, le Sphinx émergeait enfin de son linceul de sable.

En fait, il avait déjà vécu plusieurs épisodes similaires au cours de sa longue existence. La première connue eut lieu vers -1300 avant notre ère, sous le règne de Thoutmosis IV, pharaon de la XVIIIe dynastie. On sait aussi que sous l'occupation romaine, les empereurs Marc Aurèle et Septime Sévère ont pratiqué de tels travaux de désensablage, ainsi que des fouilles et quelques restaurations.

À l'origine, le Sphinx a été taillé dans un massif calcaire, en une seule pièce monolithique monumentale, sans doute la plus importante au monde. Il mesure plus de 73 mètres de longueur, 14 mètres de largeur et 20 mètres de hauteur, pour un poids estimé à 20 000 tonnes ! Il est orienté plein est et fait face au soleil levant lors des deux équinoxes.

On sait que les Égyptiens antiques associaient le Sphinx à Horus et l'appelaient "Hor-em-Akhet" (Horus à l'horizon).

Au XIXe siècle, on était persuadé que le Sphinx avait été construit en des temps extrêmement reculés. Plus tard, les égyptologues découvrirent plusieurs statues de Khéphren dans l'enceinte du temple. Ils en déduisirent que si elles étaient là, c'est que le temple et le Sphinx avaient été construits par ce même pharaon. La déduction est tirée par les cheveux, mais depuis lors, et officiellement donc, le Sphinx aurait été construit vers -2500 avant notre ère, sous le règne du pharaon Khéphren, dont il serait, selon eux, le portrait...

En fait, cette théorie est rejetée depuis plusieurs décennies. Un expert en reconstruction faciale, ancien directeur du service de médecine légale de la police de New York, en a fait la démonstration. Il a utilisé ses compétences en matière de morphologie et ses moyens technologiques pour comparer le visage du Sphinx à celui de Khéphren, et pour lui, il n'y a pas l'ombre d'un doute, les deux visages sont incontestablement différents.

Les égyptologues avancent un autre argument pour étayer leur attribution à Khephren. Ils s'appuient sur un court passage d'un texte extrait de la Stèle du Rêve, qui dit : « faisons l'éloge de Khaf avec cette statue faite pour Atum-Hor-em-Akhet ». L'égyptologue Thomas Young, qui avait initialement identifié le hiéroglyphe de Khaf dans un cartouche endommagé, prit l'initiative d'ajouter derrière le glyphe « Râ » pour compléter le nom de Khaf-Râ, c'est-à-dire Khephren... reliant ainsi le Sphinx à Khephren ! On déplora bien sûr cette audace s'apparentant à de la fraude... Mais que croyez-vous qu'il advint ? Rien, absolument rien ! Le nom de Khafra fut conservé, et les égyptologues continuent d'asséner et d'enseigner que le Sphinx date de la IVe dynastie... Bien évidemment, vous l'aurez compris, cette preuve n'en est pas une, si ce n'est celle d'une certaine mauvaise foi !

En fait, il est très peu probable que la tête que présente le Sphinx de nos jours soit celle d'origine. Plusieurs indices concordants étayent cette hypothèse. Pourquoi, par exemple, cette disproportion entre le corps et la tête du Sphinx, alors même que tous les grands monuments de l'Égypte antique révèlent une précision et une perfection étonnantes ?

Le sous-dimensionnement de cette tête, ainsi que sa faible érosion par rapport au reste du corps, sont autant d'éléments qui laissent à penser que la tête actuelle du Sphinx a été retaillée, sans doute à l'effigie d'un pharaon... Un point qui agace les égyptologues, qui n'aiment pas trop que l'on remette en question leurs dogmes.

Alors, quelle tête avait le Sphinx à l'origine ? Certains pensent qu'il avait une tête de lion, d'autres une tête de chacal...

Compte tenu du fait que le Sphinx possède le corps d'un lion, beaucoup s'accordent à penser qu'à l'origine, il devait aussi en avoir la tête. Robert Bauval, ingénieur et astronome, spécialiste de l'Égypte, et Graham Hancock, écrivain et journaliste, ont publié en 1999 « Le mystère du Grand Sphinx ». Ils sont aussi d'avis que le Sphinx devait initialement avoir une tête de lion et s'appuient sur un argumentaire qui a fait bondir les égyptologues bien-pensants.

Le Sphinx regarde plein est, mais que regarde-t-il ? Peut-être son avatar, la Constellation du Lion, la seule constellation qui ressemble au Sphinx ! À l'aide de reconstitutions informatiques, Bauval est allé chercher à quelle époque cette constellation se trouvait précisément dans l'axe du regard du Grand Sphinx, ce qui lui a permis d'obtenir une date : -10 500 ans avant notre ère ! Retenez bien cette datation, nous allons voir plus loin qu'elle est recoupée par une approche scientifique.

La théorie d'une tête de chacal ou de chien sauvage a aussi ses partisans, et parmi ceux-là, l'écrivain américain Robert Temple, membre de la Royal Astronomical Society et de l'Egypt Exploration Society. C'est ce qu'il affirme dans un livre publié en 1967 « Sphinx Mystery ». Pour lui, le Grand Sphinx était à l'origine une représentation du Dieu Anubis, représenté sous la forme d'un chacal. Plus tard, au cours de la XIIe dynastie, le pharaon Amenemhat II l'aurait fait retailler sans doute à son effigie. Pour étayer ses convictions, Temple précise que : Les douves du Sphinx dans l'Ancien Empire étaient connues comme "le lac du chacal" ou "le canal d'Anubis". Anubis, en égyptien "Inpou", signifie "celui qui a la forme du chien". Le "lac du chacal" est aussi cité dans le "Livre des Cavernes", et dans un "Texte des Sarcophages", il est dit : « Son nom est face de chien, sa taille est grande » (versets 1165-1185).

Une autre source accrédite cette version, l'érudit Terence du Quesne (1945-2014), a publié un livre « The Jackal Divinities of Egypt » dans lequel il dit avoir relevé de nombreuses références à Anubis, appelé le Seigneur de Rostau (ancien nom de Gizeh).

Alors, tête de lion ou tête de chacal, la question reste posée...

Le Sphinx a-t-il été construit vers -2500 avant notre ère, comme le prétendent les égyptologues ?

Encore une fois, il ne s'agit que de suppositions tirées par les cheveux, mais comme bien souvent en archéologie, les vieilles assertions subsistent sans jamais être démontrées, et comme il n'est pas possible de dater le Sphinx lui-même, le problème de la datation est loin d'être réglé !

Si l'on se rapporte aux textes gravés sur la « Stèle de l'inventaire », le Grand Sphinx, le Temple de la Vallée, ainsi que d'autres monuments du plateau de Gizeh, existaient depuis longtemps avant l'avènement de Khéops sur le trône. La stèle précise même que : « Durant le règne de Khéops, celui-ci ordonna la construction le long du Sphinx d'un monument dédié à Isis. » Ce qui signifie que le Sphinx était déjà présent du temps de Khéops.

Ceci explique pourquoi cette stèle est considérée comme fantaisiste par les égyptologues... Leur parti pris détermine leurs théories, ainsi tout ce qui va dans leur sens est authentifié, et tout ce qui va à l'encontre est rejeté.

Dans un temple proche du Sphinx, qui présente d'ailleurs les mêmes marques d'érosion, figurait une inscription dont l'auteur était le scribe royal du pharaon Khéops. Il est écrit : « Que le Soleil en personne a présidé à la gigantesque construction du Sphinx, dont l'origine se perdait dans la nuit des temps ». Une autre inscription du pharaon Amenhotep II (1448-1420 avant notre ère) présente le Sphinx comme plus ancien que les pyramides.

Il existe également un court texte méconnu qui nous fournit quelques éléments sur le Sphinx. En 1817, le consul général britannique au Caire, Henry Salt, a mandaté l'explorateur et égyptologue Gian Battista Caviglia (1770-1845) pour effectuer un relevé du Sphinx. C'est en procédant au nettoyage de la patte gauche que Caviglia a découvert cette inscription, qui était précisément gravée sur un orteil. Il s'agissait d'un court texte en grec daté de 166 après notre ère et signé Appianos.

On peut donc légitimement penser qu'il avait été gravé sous le règne de l'empereur Marc-Aurèle à l'occasion d'une restauration du Sphinx. Malheureusement, ce texte n'est plus visible de nos jours, car il a été lamentablement masqué lors de restaurations ultérieures. Cependant, des relevés existent, dont celui conservé par Henry Salt, qui a publié une traduction en français en 1818 dans le Quarterly Review, vol. 19. La traduction en français est la suivante :

« Cette structure est l'œuvre des dieux immortels. Placée de façon à dominer le sol de cette Terre de récolte, érigée au centre d'une cavité dont ils ont retiré le sable, comme une île de pierres au voisinage des pyramides, pour que nous puissions la voir, non pas comme le sphinx tué par Œdipe, mais comme un serviteur sacré de Leto, qui garde avec vigilance le Guide Sacré de la Terre d'Égypte. »

Ce texte nous apprend que le Sphinx serait l'œuvre des dieux immortels, du moins perçus comme tels à l'époque de sa construction. Il aurait été érigé comme une île au centre d'une cavité et était considéré comme un gardien vigilant. Quant à la référence à Leto, le lexicographe britannique William Smith traduit Leto par « ce qui est caché ». Le Sphinx serait donc le serviteur et gardien de quelque chose de caché... ?

Existe-t-il d'autres éléments probants permettant de déterminer l'époque de sa construction ? La réponse est oui, si l'on se réfère au travail des géologues.

Dans les années 1950, l'égyptologue René Schwaller de Lubicz avait pressenti que le Sphinx avait au moins 5 000 ans, en se basant sur les traces d'érosion pluviale importantes présentes sur son corps. Mais comme on pouvait s'y attendre, ses confrères ont rejeté en bloc cette hypothèse.

Cependant, un Américain, Robert Schoch, titulaire d'un doctorat en géologie et géophysique de l'université Yale, a remué le couteau dans la plaie. Accompagné d'autres géologues, au cours de l'année 1990, il a procédé à des examens et des études sur le Grand Sphinx. À l'issue de ses travaux, il a déclaré que les traces d'érosion visibles sur les flancs du Sphinx n'étaient pas imputables aux effets abrasifs du vent et du sable, mais bien à ceux que l'eau et de fortes précipitations avaient exercés pendant une très longue période. En conséquence, le monument doit forcément exister depuis plus de 7 000 ans, du fait que la région est restée désertique depuis cette époque. Les dégradations causées à son corps sont donc antérieures.

Il est évident qu'à l'époque où le Sphinx a été sculpté, l'énorme massif rocheux qui a servi de base devait être à l'air libre et non recouvert de sable. Cela nous ramène à plus de 7 000 ans avant notre ère. Le Sahara n'a effectivement pas toujours été un désert, et il a connu des pluies torrentielles il y a environ 8 à 12 000 ans. Compte tenu du fait qu'il a peut-être fallu un ou plusieurs millénaires pour que les précipitations fassent le travail d'érosion qui caractérise le corps du Sphinx, nous obtenons une datation d'au moins 9 000 ans.

Cependant, les égyptologues récusent fermement ces datations, arguant qu'il n'existait aucune civilisation à une époque aussi reculée. Autrement dit, les égyptologues ne reconnaissent pas l'expertise des géologues ! Quel serait l'intérêt pour les géologues de remettre en question leur crédit en avançant une fausse expertise ? Aucun, bien entendu ! Les géologues n'ont pas pris en compte les considérations arbitraires des égyptologues et se sont contentés de procéder à leurs travaux de manière impartiale, même si leurs conclusions heurtent la susceptibilité des susnommés.

Une autre question demeure sans réponse : pourquoi les récits anciens ne mentionnent jamais le Grand Sphinx alors qu'ils parlent abondamment des pyramides ? L'historien grec Hérodote, qui était admiratif des monuments égyptiens, évoque les trois pyramides dans ses récits, mais semble ne pas connaître ni avoir entendu parler du Grand Sphinx ! De même, les voyageurs de l'Antiquité dressent la liste des "sept merveilles du monde", les édifices les plus spectaculaires jamais construits... Pourquoi le Grand Sphinx n'en fait-il pas partie ? Il est légitime de penser que la seule raison en est que le Sphinx leur était inconnu, car il était déjà entièrement recouvert par le sable du désert depuis des temps immémoriaux.

Une autre question à laquelle nous n'aurons pas de réponse avant longtemps concerne ce qui se trouve à l'intérieur et sous le Sphinx. Depuis sa plus lointaine époque d'émergence des sables, le Sphinx a subi de multiples restaurations et ajouts visant à dissimuler les marques du temps. Mais ces ajouts ont également masqué de nombreuses autres choses... Des études réalisées à l'aide de géoradar ont révélé plusieurs cavités, tunnels ou chambres, tant le long de son corps que sous sa patte gauche et tout autour du Sphinx. Cette découverte n'est pas surprenante, car elle est depuis longtemps un secret de polichinelle, malgré les dénégations des autorités égyptiennes.

Déjà vers l'an 200, le philosophe syrien Jamblique rapportait l'existence d'une entrée entre les pattes du Grand Sphinx qui permettait d'accéder à la Grande Pyramide. À l'époque, cette entrée était fermée par une grille en bronze et seuls les Grands Prêtres étaient autorisés à y accéder. Plus tard, l'écrivain Pline l'Ancien mentionnait que la tombe du Roi Harmakhis était enfouie sous le Sphinx avec son trésor. Dans l'Égypte antique, Harmakhis était le dieu du soleil à l'aube et au crépuscule, représenté sous la forme d'un lion.

En 443 avant notre ère, l'historien grec Hérodote rapporte avoir visité un dédale de souterrains interconnectés sous le plateau de Gizeh et sous les pyramides. À la fin du XIXe et au début du

XXe siècle, les égyptologues savaient que des cavités existaient à l'intérieur et sous le Sphinx, et diverses fouilles furent entreprises. L'écrivain et graveur français Dominique-Vivant Denon, qui avait suivi la Campagne d'Égypte à la fin du XVIIIe siècle, réalisa une représentation du Sphinx où l'on voit plusieurs hommes debout sur sa tête, l'un d'entre eux pénétrant à l'intérieur, ce qui prouve l'existence d'un orifice. Cette ouverture a d'ailleurs été photographiée quelques décennies plus tard lors d'un survol en montgolfière. Ce sont les seuls documents existants, car depuis, l'orifice a été condamné par une trappe.

En 1912, l'égyptologue américain George Andrew Reisner a publié un communiqué dans le numéro 53 du "Cosmopolitan Magazine", le 22 mars 1913 dans le journal "The Sphere", puis le 5 mars 1914 dans le "Northern Territory Times and Gazette", sous le titre "Une remarquable découverte faite à l'intérieur du Sphinx". Reisner raconte qu'il est entré par une ouverture située dans la tête du Sphinx, qui l'a conduit à un temple dédié au soleil. Il illustre son communiqué avec des dessins mettant en évidence un réseau de cavités et d'escaliers à l'intérieur même du Sphinx. Reisner précise que le monument est, selon lui, très ancien, plus vieux que les pyramides et antérieur au pharaon Ménès, fondateur de la première dynastie (3185 à 3125 avant notre ère).

Au cours des années 1920, l'égyptologue français Émile Baraize entreprit également des recherches à l'intérieur du Sphinx. Il découvrit une entrée sur le dos du monument qu'il dégagea pour accéder à un tunnel, dont on sait peu de choses, si ce n'est qu'il fut obturé pour des raisons obscures.

En 1990, le géophysicien Thomas L. Dobecki, accompagné du géologue Robert Shoch, a procédé à la réouverture d'une entrée précédemment découverte sur un flanc du Sphinx. Malheureusement, aucune information n'a filtré sur ce qu'ils ont pu voir ou découvrir.

En 1988, l'égyptologue Zahi Hawass avait déclaré être convaincu que les tunnels présents sous le Sphinx révéleraient de nombreux secrets. En avril 1996, il a confirmé l'existence de tunnels dissimulés sous le Sphinx et tout autour des pyramides.

En 1999, il a entrepris des recherches et des forages autour du Sphinx, dont on sait très peu de choses, si ce n'est qu'il a mis au jour une dalle de granit rouge... Curieusement, la campagne de fouilles a été interrompue, les excavations ont été comblées et le site est désormais recouvert d'une chape de plomb.

En 1994, les autorités égyptiennes révélèrent la découverte d'un mystérieux tunnel. Des ouvriers qui procédaient à des travaux de réfection sur le Sphinx auraient découvert un ancien passage obstrué qui menait à l'intérieur du corps. Normalement, tout archéologue aurait immédiatement dégagé le passage pour poursuivre les investigations, mais Zahi Hawass déclara qu'il n'en était pas question !

En 2009, alors qu'il était directeur général des antiquités du plateau de Gizeh, Zahi Hawass a participé au tournage d'un documentaire sur le Sphinx. À un moment donné du film, Zahi Hawass a brièvement ouvert une trappe sur le dos du Sphinx, révélant un trou vertical qui semblait mener à un tunnel horizontal. Lorsque le journaliste lui a demandé où menait ce tunnel, Zahi Hawass a répondu : "nulle part" ! Il prétendit même ultérieurement que cette galerie aurait été creusée par un archéologue. Une réponse lacunaire et difficilement crédible. Si tel était le cas, pourquoi tant de mystère ?

Zahi Hawass a également interdit toutes les investigations souterraines sur et sous le Sphinx, y compris par les scientifiques officiels. On peut légitimement se demander pourquoi interdire toutes les investigations s'il n'y a rien à cacher. Les réponses fournies sont toujours les mêmes : les galeries sont trop dangereuses, elles sont sans intérêt, elles sont remplies d'eau, elles sont bouchées... Il est évident que ces interdictions ont pour but de dissimuler certaines choses au grand public. Si ces cavités et ces tunnels existent, ce n'est pas sans raison.

Une dernière question qui revient de temps à autre concerne l'existence d'un deuxième Sphinx sur le plateau de Gizeh. C'est du moins l'hypothèse avancée régulièrement par certains. Des historiens arabes, ainsi que l'explorateur et géographe Charif Al Idrissi, étaient convaincus de l'existence d'un deuxième Sphinx femelle en très mauvais état, situé sur la rive est du Nil et faisant face au Sphinx mâle.

Selon certains, ce Sphinx aurait été détruit par la foudre, tandis que d'autres affirment qu'il aurait été ravagé par une importante crue du Nil. Les décombres auraient ensuite été utilisés pour diverses constructions. Quelques indices plaident en faveur de cette hypothèse : tous les gardiens des anciens monuments et temples égyptiens vont par deux, et il existe deux Sphinx gravés sur la fameuse "stèle du songe".

Le mystère continue de régner en maître sur le Grand Sphinx et bien d'autres monuments. Aujourd'hui, l'ensemble du plateau de Gizeh est hermétiquement clos par un impressionnant mur de béton, interdisant définitivement l'accès au personnes non autorisées. Les autorités égyptiennes manifestent ainsi leur volonté de préserver les secrets qu'elles détiennent. Pourquoi le grand public ne doit-il pas savoir ? Toutes les suppositions sont permises.

Le Sérapéum de Saqqarah

Découvert par Auguste Mariette en 1851, c'est un monument beaucoup moins célèbre mais tout aussi mystérieux que le Sphinx ou la Grande Pyramide. Il s'agit d'une nécropole comprenant une grande allée flanquée de centaines de sphinx, menant au fameux Sérapéum.

Derrière une entrée obturée, Auguste Mariette a découvert un long tunnel avec des galeries garnies de niches. Le complexe contenait 24 chambres, chacune renfermant une énorme cuve en granit, fermée par un couvercle. Ces cuves mesuraient environ 4 mètres de longueur et plus de 3 mètres de largeur, taillées dans un seul bloc de granit et pesant entre 70 et 100 tonnes.

Selon les égyptologues, cette nécropole remonte à la XVIIIe dynastie (1 350 ans avant notre ère) et aurait été progressivement agrandie sous le règne du pharaon Ramsès II et de ses successeurs. Il existe une abondante littérature sur le Sérapéum, mais nous nous limiterons à rapporter certains éléments qui suscitent des interrogations.

Le Sérapéum de Saqqarah est aujourd'hui présenté comme une nécropole antique consacrée au taureau sacré Apis. Une chapelle dédiée au Dieu Apis a effectivement été mise à jour, renfermant une statue grandeur nature d'un taureau orné d'un disque solaire entre les cornes et d'un serpent. Cette statue est actuellement exposée au Musée du Louvre.

Il ne reste plus rien du temple consacré à Apis aujourd'hui, mais d'après les fondations, il devait mesurer environ 300 mètres de long et 100 mètres de large.

Les catacombes d'Apis se trouvaient précisément sous ce temple. Ce sont des chambres souterraines, les plus grandes datant officiellement de la XXVIe dynastie sous le règne de Psammétique 1er, pharaon ayant régné de -664 à -610. La plupart de ces chambres ou caveaux renferment encore les énormes cuves en granit.

Chaque taureau était momifié avant d'être déposé dans son sarcophage massif. Les murs des caveaux sont ornés de stèles qui précisent le règne sous lequel chaque taureau est né, sa durée de vie et la date de son inhumation.

Voici donc un résumé des éléments principaux concernant la partie officielle.

Cependant, de nombreuses questions demeurent sans réponse concernant ce monument. Comment les sculpteurs ont-ils pu réaliser ces cuves avec un tel degré de précision et de finition ? Les parois sont aussi lisses que des miroirs, et les angles intérieurs d'une précision extraordinaire. Les bords saillants sont d'une extrême finesse. Il semble qu'il subsiste des traces d'un liquide non identifié à la surface de ces cuves. Par endroits, le polissage s'atténue au milieu, comme si le liquide avait manqué. Est-il possible qu'un liquide spécial ait été utilisé pour polir la pierre ?

Chaque cuve a été taillée dans un unique bloc de granit provenant d'une carrière située à près de 1 000 kilomètres de Saqqarah... Comment ont-elles pu être extraites et transportées ? Les explications officielles, faisant référence à des outils de pierre, de bois et de cuivre, semblent bien difficiles à accepter pour de nombreux observateurs. Une telle entreprise constituerait encore un véritable défi de nos jours.

Comment ces énormes sarcophages en granit ont-ils pu être déplacés ? Leur volume et leur poids les rendent impossibles à manipuler dans les étroits couloirs du site...

La datation de ces cuves est également sujette à controverse. Si elles ont été attribuées à la XVIIIe dynastie, c'est uniquement en se basant sur les hiéroglyphes gravés sur certaines d'entre elles et les poteries découvertes à proximité. Cependant, seules trois cuves comportent des inscriptions, et seule l'une d'entre elles en est entièrement recouverte.

Ce qui suscite des doutes chez certains observateurs, c'est que ces hiéroglyphes sont grossiers et mal réalisés par rapport à la perfection du travail des cuves elles-mêmes. De plus, il est curieux de constater que les hiéroglyphes présents sur trois d'entre elles ont été gravés après le polissage soigneux... On peut même supposer qu'ils ont été ajoutés à une époque beaucoup plus récente, remettant ainsi en question la datation des cuves elles-mêmes !

Le caractère approximatif de ces inscriptions conduit certains à envisager qu'elles ont été délibérément réalisées pour justifier une datation...

De même, la fonction de ces cuves en tant que sarcophages destinés à recevoir les momies des taureaux sacrés est sujette à débat. Le fait qu'Auguste Mariette lui-même n'en fasse pas mention est pour le moins curieux !

L'Égypte antique regorge décidément de bien des mystères que les autorités et les égyptologues s'efforcent de préserver avec le plus grand soin...

10 DES PYRAMIDES EN GRAND NOMBRE

Les pyramides à travers le monde

Les pyramides ont toujours fasciné les hommes, et à juste titre, car nous sommes conscients qu'elles recèlent une part importante de mystère... Rien que dans les méthodes de construction utilisées, les explications officielles ne convainquent personne.

Nous associons généralement les pyramides à l'Égypte et accessoirement à l'Amérique centrale, car l'idée est ancrée qu'elles n'existent nulle part ailleurs. Mais c'est une erreur, car en réalité, les pyramides sont présentes sur presque tous les continents, en un nombre considérable qui défie toute logique.

Comment est-ce possible ?

Comment des hommes séparés par des milliers de kilomètres, sans moyens de communication, ont-ils eu l'idée de construire des structures aussi similaires ? Certes, elles existent sous différentes formes et tailles, mais les similarités entre la plupart de ces pyramides sont si parfaites qu'il est impossible d'y voir un simple fait du hasard. On les trouve sur terre, parfois sous terre, et même sous l'eau, sur tous les continents, et même sur des îles !

Il existe une autre constante, quel que soit le continent : les pyramides sont l'un des sujets archéologiques les plus délicats à aborder en raison de leur controverse.

L'existence de ces structures est souvent occultée, car elles ne trouvent pas leur place dans le schéma officiellement établi de notre histoire... Surtout lorsque certaines de ces constructions sont réputées antérieures à la dernière période glaciaire ! Reconnaître l'existence de telles structures, et plus encore, leur âge, impliquerait de reconnaître l'existence d'une ou plusieurs civilisations hautement évoluées en dehors du cadre officiel de notre passé.

Sont-elles le vestige d'une ancienne civilisation antédiluvienne ?

Nous avons tendance à penser qu'elles sont plus nombreuses en Égypte, mais c'est faux : il y en a 138 en Égypte et 225 au Soudan ! En dehors de l'Égypte et du Soudan, on en trouve au Mexique, au Guatemala, au Pérou, en Amérique, en Italie, en Chine, en Bosnie, au Kazakhstan, en Indonésie, à Tahiti, à Cuba, au Tibet, aux îles Canaries, en Grèce... Certains mentionnent également l'Australie, l'Ukraine, la Russie, mais les preuves font défaut... Beaucoup de ces pyramides sont totalement méconnues du public et même parfois des archéologues.

À quoi servaient-elles ? On nous dit qu'elles étaient simplement des tombeaux, ce qui est vrai pour certaines d'entre elles, mais pour les autres, le mystère demeure. Certains pays rechignent à s'y intéresser, du moins officiellement, comme la Chine, tandis que d'autres limitent drastiquement les autorisations de fouilles, comme c'est le cas aujourd'hui en Égypte...

Que savent ces pays et que veulent-ils cacher au grand public ? Nous l'ignorons, même si certains ont une petite idée... !

En Indonésie

Sur l'île de Java, un site appelé Gunung Padang, situé près du village de Karyamukti, suscite l'intérêt des chercheurs depuis quelques années.

À première vue, il s'agit simplement d'une colline naturelle haute de 885 mètres, connue depuis sa découverte par les colons hollandais au milieu du XXe siècle. Sur cette colline, on trouve diverses ruines en pierre, telles que des parties de murs, des morceaux de colonnes, des pierres taillées, qui jonchent le sol. Après examen des lieux, certains chercheurs ont émis l'hypothèse que cette colline pourrait bien être une pyramide à degrés, recouverte par la nature au fil du temps. Une étude utilisant la technologie du géo-radar à pénétration de sol a permis de confirmer cette hypothèse. De plus, grâce à cette technologie, les chercheurs ont identifié plusieurs strates distinctes de constructions, ce qui signifie que la structure a été édifiée en plusieurs étapes et à différentes époques. La colline n'est donc rien d'autre qu'une très ancienne structure pyramidale artificielle recouverte de végétation depuis des millénaires...

Les ruines de surface ne sont que la partie émergente d'un énorme édifice qui se prolonge en profondeur. La présence de plusieurs chambres souterraines a également été mise en évidence. Les diverses couches identifiées s'étendent sur environ 15 hectares. Chaque couche de construction est nettement différenciée et représente une époque distincte. Les chercheurs estiment que la couche de surface remonte à environ 3 500 ans, la couche intermédiaire entre 7 500 et 8 500 ans, et enfin, la couche la plus ancienne à plus de 9 000 ans. Si cette datation est confirmée, Gunung Padang serait l'une des plus anciennes pyramides connues, bien que sa désignation en tant que pyramide ne soit pas encore officiellement reconnue.

En Grèce

Il existe au moins 16 pyramides réparties dans tout le pays. Ces pyramides sont généralement de taille modeste et se trouvent dans un état assez délabré. Parmi elles, les pyramides d'Hellenikon et de Ligourión ont été étudiées. La pyramide d'Hellenikon, également appelée pyramide de Kenchreai ou pyramide de Képhalaria, est considérée comme la plus ancienne. Elle se trouve près du village d'Ellinikó, dans le Péloponnèse, et sa date de construction et sa fonction restent inconnues. Des tessons de céramique datant de la fin du IIIe millénaire avant notre ère ont été trouvés sous ses fondations, ce qui indique que la pyramide est postérieure à cette période. La pyramide de Ligourión, quant à elle, ressemble à celle d'Hellenikon et aurait été construite au IVe siècle avant notre ère. Les autres pyramides en Grèce n'ont pas fait l'objet de documentation détaillée, à l'exception de leur mention dans certains dépliants touristiques.

À Taïwan

On connait la pyramide de Chihsing, située dans le parc national de Yangmingshan, au nord du pays. Cette pyramide, d'une taille relativement modeste (20 mètres de haut), est recouverte d'herbe, donnant l'impression d'une petite colline. On suppose qu'elle abrite une cavité souterraine, bien que les détails à ce sujet soient limités. Pendant un certain temps, l'accès à la montagne et à la pyramide a été interdit, car le parc national de Yangmingshan était sous la propriété du ministère de la Défense nationale. Cependant, depuis le milieu des années 1980, le parc est à nouveau ouvert au public. Une étude géologique a révélé que la couche externe de la pyramide remonte à environ 6 000 ans avant notre ère. Une explication officielle suggère que cette structure pourrait être le résultat de l'activité volcanique, mais cela ne correspond pas à la géométrie et à la symétrie des blocs de pierre. Malgré cela, aucune recherche officielle n'a été entreprise, et les archéologues ne semblent pas pressés de s'y intéresser.

La plus grande pyramide du monde

Contrairement à ce que l'on pourrait penser, elle ne se trouve pas en Égypte, mais au Mexique. Il s'agit de la pyramide connue initialement sous le nom de pyramide de Tlachihualtepetl, maintenant appelée pyramide de Cholula, d'après la ville sur laquelle elle est construite. Cholula est une ancienne cité précolombienne située à 2 135 mètres d'altitude, au pied du célèbre volcan Popocatepetl. La pyramide de Cholula mesure 450 mètres de côté, soit quatre fois plus que la grande pyramide de Gizeh, et a une hauteur de 66 mètres. Son volume atteint 4,45 millions de mètres cubes, contre seulement 2,5 millions pour la pyramide de Gizeh. Cependant, la pyramide de Gizeh reste plus élevée, avec une hauteur de 146 mètres. La pyramide de Cholula est relativement méconnue du grand public en raison de sa situation particulière. En effet, elle est enterrée sous une montagne d'apparence naturelle.

À l'époque des conquistadors déjà, la pyramide de Cholula était entièrement masquée par la végétation. Les Espagnols ont d'ailleurs construit une église en 1594, pensant qu'ils étaient au sommet d'une colline. Pendant plusieurs siècles, la véritable nature de cette colline est restée méconnue, jusqu'à ce qu'elle soit accidentellement découverte au début du XXe siècle lors de travaux de construction. Peu d'informations sont disponibles sur cette pyramide, mais certaines similitudes avec Teotihuacan ont conduit les chercheurs à penser que les deux structures pourraient dater de la même époque.

Les origines précises de la pyramide de Cholula restent inconnues. Selon les archéologues, elle aurait été construite en plusieurs étapes par différentes populations. Cholula était dédiée au culte de Quetzalcóatl et aurait été initialement construite par les Olmèques. Elle aurait ensuite été occupée et agrandie successivement par les Chichimèques, les Toltèques et les Aztèques, avant d'être abandonnée vers le VIIIe siècle.

Selon une légende, la pyramide de Cholula aurait été construite par le géant Xelhua après qu'il eut échappé au premier déluge. Les fouilles ont commencé dans les années 1930 et ont permis de créer un réseau de tunnels et de galeries de 8 km de longueur. Les fouilles ont révélé six structures construites à différentes époques. La plus ancienne, appelée La Conejera, remonterait, selon les archéologues, à environ 200 av. J.-C. Cependant il convient de préciser qu'ils se sont basés sur la datation des céramiques trouvées dans la partie la plus récente de la pyramide pour estimer son âge...

Les fouilles ont également mis au jour divers artefacts, tels que des figurines en argile, des instruments de musique, des outils comme des haches, ainsi qu'un sceptre cérémonial sculpté dans de l'os. Plus de 400 sépultures humaines ont également été découvertes, la plupart datant de la dernière période d'utilisation de la pyramide, ce qui suggère que le site était utilisé comme centre cultuel au moins pendant cette période. De nombreuses questions restent sans réponse, notamment sur la date de construction de la première phase de la pyramide, l'utilisation du tunnel découvert sur ses flancs et la possibilité que la pyramide ait été délibérément camouflée sous la terre et la végétation.

Les pyramides chinoises

Généralement, quand on parle de pyramides, on ne pense pas à la Chine, et pourtant le pays en compterait plus de 200 ! Elles sont principalement concentrées dans la province de Shaanxi, dans la vallée de la rivière Wei.

Contrairement aux pyramides égyptiennes construites en pierre, la plupart des pyramides chinoises sont des tumuli en terre, ce qui explique leur mauvais état de conservation, en raison de l'érosion naturelle et de l'activité humaine. Les premières mentions de ces pyramides remontent au XVIIe siècle, faites par des marchands et des explorateurs dans leurs récits de voyage.

La première documentation connue sur l'existence de ces pyramides remonte à 1667, dans l'ouvrage intitulé "China Illustrata" écrit par le père jésuite allemand Athanasius Kircher (1602-1680). Au début du XXe siècle, deux marchands australiens ont recensé plus d'une centaine de pyramides dans la région des plaines de Qin Chuan, en Chine centrale. Selon un moine d'un monastère local, ces pyramides étaient très anciennes, certaines ayant plus de 5 000 ans, et auraient été construites par des visiteurs venus de l'espace, selon d'anciens documents conservés dans le monastère.

Les premières découvertes faites par des Européens datent de 1912, lorsque le voyageur et explorateur Fred Meyer Schroder les a signalées. En 1914, l'écrivain, médecin et archéologue français Victor Segalen a également décrit ces pyramides. Ce n'est qu'en 1994 qu'un chercheur allemand nommé Hertwig Hausdorf a été autorisé à visiter la province de Shaanxi. Au cours de ses trois voyages, il a découvert plusieurs de ces pyramides, mesurant jusqu'à 50 mètres de hauteur. Certaines présentaient des similitudes avec les pyramides mexicaines et comportaient plusieurs niveaux, tandis que la majorité n'étaient que de simples tumuli. Il a également constaté que de nombreuses pyramides avaient été délibérément dissimulées sous des plantations de conifères.

Les archéologues chinois évitent généralement d'aborder le sujet des pyramides, ce qui suggère qu'il s'agit d'un sujet tabou en Chine, d'ailleurs le gouvernement chinois a toujours nié leur existence.

On sait aujourd'hui que la plupart des tumuli cachent des sépultures. Les plus grands d'entre eux, au nombre de 65 dit-on, sont ceux des empereurs, tandis que les plus modestes sont ceux des princes, princesses ou hauts fonctionnaires. Leur taille est fonction du rang social des personnes inhumées, et en général, leur hauteur varie de 25 à 100 mètres.

Il existe au moins une pyramide construite en pierres en Chine, la pyramide à degrés de Zangkun-chong, située près de Ziban, une ancienne ville coréenne. C'est également la plus connue, car elle abriterait la dépouille du roi Chansu (413-491). Il y en a probablement d'autres dans le pays, mais la plupart des pyramides chinoises n'ont pas été explorées. Le gouvernement chinois en interdit l'accès, sauf aux paysans. Les autorités ont même fait planter des conifères à croissance rapide sur ces pyramides pour les dissimuler, y compris depuis l'espace. Pourquoi vouloir à tout prix les dissimuler ?

La pyramide blanche

Une vieille légende fait état d'une grande pyramide construite il y a des milliers d'années. Bien que son existence ne soit pas officiellement prouvée, elle aurait pourtant été aperçue au moins à deux reprises. En 1945, l'aviateur américain James Gaussman a pris des photos aériennes des Monts

Qinling, montrant une très grande pyramide qu'il a appelé la "grande pyramide blanche". Certaines de ces photos ont été publiées dans le livre de l'écrivain australien Brian Crowley. En 1947, un autre pilote, Maurice Sheehan, a également pris des photos de cette pyramide, qui ont été publiées dans différentes publications. D'autres pilotes auraient également confirmé son existence.

Personne n'a jamais pu s'approcher de la pyramide en raison de l'interdiction d'accès à la zone, officiellement en raison de son utilisation comme site de lancement de fusées.

Les dimensions attribuées à cette pyramide, environ 300 mètres de hauteur et 450 mètres à la base, sont en l'état impossible à vérifier. Si elles étaient exactes, cela en ferait la plus grande pyramide jamais découverte sur Terre.

Des pyramides en Crimée ?

C'est en tout cas ce que prétend avoir découvert un ancien ingénieur et militaire de l'armée russe,Vitaly Anatolievich Gokh.

Au cours des années 1990, il prospecte dans la région de Sébastopol, à la recherche d'eau potable, avec un appareil de sa fabrication. Gokh possède une certaine expérience dans ce domaine, il a déjà découvert de l'eau, y compris dans le Sahara, près de la ville d'Atar.

Son instrument fonctionne sur le principe de la résonnance magnétique, et permet donc de découvrir tout ce qui constitue une anomalie du sous-sol,et c'est précisément ce qui va le conduire à cette pyramide.

Après avoir creusé pour authentifier sa découverte, il serait tombé sur une structure pyramidale dont la base carrée mesurerait environ 72 mètres et la hauteur environ 50 mètres. Ayant atteint près de 40m de profondeur, Gokh et son équipe durent abandonner leurs fouilles à cause de glissements de terrain.

Gokh décida néanmoins de prospecter la zone afin de rechercher d'éventuelles autres structures similaires. C'est ainsi qu'il mit à jour 6 nouvelles pyramides situées sur un même axe.

. La première serait immergée dans la mer à proximité de la station balnéaire de Foros

. La seconde non loin du village Balaklava

. La troisième proche du Cap Fiolent

. La quatrième se situerait dans Sébastopol

. La cinquième est en fait la première découverte

. Les deux dernières étant situées sur le même axe à quelques kilomètres en pleine nature.

Ces pyramides constitueraient un ensemble unique sur la côte Sud de la Crimée, et sur une ligne de Sébastopol à Foros.

Au début des années 2000, plusieurs chercheurs se sont penchés sur ces pyramides et auraient convenu que ces constructions étaient bien réelles.

Qui a bien pu construire ces pyramides, et à quelles fins ?

Gokh a bien tenté d'apporter des réponses à ces questions, en prétendant par exemple que ces pyramides auraient un lien avec une grande civilisation disparue il y a 65 millions d'années... Mais ses affirmations sont dépourvues de tout fondement.

Certes, si ces pyramides sont bien réelles, nul doute qu'elles sont très anciennes, puisqu'elles sont profondément enterrées ou immergées. Il n'existe aucun récit ni aucune légende les concernant, permettant de les dater, même approximativement.

Gokh a été qualifié de « pyramidiot » par les chercheurs officiels, qualificatif peu flatteur utilisé par les archéologues pour ridiculiser tous ceux qui viennent marcher sur leurs plates-bandes et proposer des théories fantaisistes. Est-ce le cas de Vitaly Gokh ? Sans doute pour ce qui concerne ses théories, mais cela n'enlève rien à ses découvertes, même si, officiellement du moins, ces pyramides n'existent pas !

Des pyramides sur la péninsule de Kola

La péninsule de Kola couvre une grande partie de la région de Mourmansk. Elle est située au nord de la Russie européenne, à l'intérieur du cercle arctique, bordée à l'ouest par la Finlande, au nord par la mer de Barents et à l'est et au sud par la mer Blanche. Depuis quelques années, des chercheurs prétendent y avoir découvert des pyramides très anciennes qui prouveraient, selon eux, qu'une vieille civilisation s'est jadis développée sur ce territoire reculé. Qu'en est-il exactement ?

Pour l'instant, tout est à mettre au conditionnel faute de preuves solides. Que des pyramides aient été découvertes tout au nord de la péninsule de Kola, rien d'étonnant selon certains, qui font de Kola la patrie de l'humanité, l'Hyperborée des légendes.

Il est sans doute utile de faire une parenthèse sur l'Hyperborée pour mieux appréhender la suite. L'Hyperborée aurait été la rivale de l'Atlantide, une Terre du Nord, berceau des Dieux...

Si l'on se réfère aux Grecs, le pays se situait aux confins du monde, dans une région difficilement accessible. Borée étant un vent du Nord, on a toujours situé l'Hyperborée au nord, proche ou au-delà du cercle arctique.

Pourtant, l'Hyperborée a toujours été décrite comme une Terre privilégiée possédant un climat agréable toute l'année. Peut-être qu'à cette lointaine époque, cette région jouissait-elle d'un autre climat que celui qui est le sien actuellement.

De nombreux auteurs de l'Antiquité ont parlé de ce continent considéré comme mythique, tels que Homère, Aristeas de Proconnèse, Eschyle, Pindare, Hérodote, Hecatee d'Abdère, Callimaque, Apollonius de Rhodes, Pausanias, Diodore de Sicile, Virgile, Ovide, Sénèque, Pline l'Ancien, Plotarque, Ptolémée, Jamblique, Aviénus, etc.

Au VIIIe siècle avant notre ère, Homère est le premier à mentionner les Hyperboréens, habitants de cette contrée légendaire. Alcée de Mytilène, poète grec du VIIe siècle avant notre ère, nous dit qu'Apollon fut transporté de Délos jusqu'au pays des Hyperboréens : "Ayant quitté l'île de Délos sur son char pour accomplir son destin, Apollon se mit en quête d'un endroit pour établir son temple. Mais les deux puissants cygnes qui tiraient son char ne furent pas de cet avis, ils entraînèrent Apollon dans leur patrie, dans le Nord lointain, chez les Hyperboréens.

Les habitants de cette contrée oubliée, située au sommet de la Terre et sous l'étoile polaire, étaient extrêmement riches, très heureux et ne vieillissaient pas. L'Hyperborée était un monde d'arts et de lumière, libéré de la corruption, des maux, des vices, de la mort et de la maladie. L'année s'y divisait en une journée et une nuit de six mois chacune. La journée, les Hyperboréens étaient éclairés par le soleil qui chassait l'obscurité, et la nuit par des milliers d'étoiles resplendissantes."

Helena Blavatsky (1831-1891) raconte l'histoire secrète de l'humanité dans son livre "La Doctrine secrète". Elle y fait état de l'évolution successive de sept races, dont la deuxième aurait été précisément celle des Hyperboréens.

Alexander Vasilyevich Barchenko (1881-1938), biologiste et chercheur russe, a laissé son nom associé à l'Hyperborée pour avoir consacré une bonne partie de sa vie à des recherches sur cette mystérieuse contrée, qu'il situait dans la région de l'Extrême-Orient russe. Selon lui, l'humanité en était originaire, et les Hyperboréens auraient disparu il y a 10 à 12 000 ans à la suite d'un cataclysme climatique majeur.

Cependant, certains avanceront que selon la thèse officielle, le pôle nord est gelé depuis 100 000 ans... Sauf que cette affirmation est sans doute fausse ! Le climat y est resté tempéré pendant très longtemps, ce qui a favorisé le développement de la végétation et de la vie animale.

Récemment, des preuves scientifiques sont venues étayer ce postulat. Au cours des années 2006 et 2007, une campagne de forage menée par l'Integrated Ocean Drilling Program (IODP) sur la dorsale de Lomonosov, à environ 230 kilomètres du pôle Nord, a permis d'obtenir des informations précieuses sur le sujet. Une carotte sédimentaire de 430 mètres a été extraite, ce qui a permis de reconstituer l'histoire, encore mal connue, du climat de l'Arctique depuis 55 millions d'années.

Ainsi, il s'est avéré qu'à cette époque lointaine, l'océan Arctique affichait une température en surface de 18 °C, qui est ensuite passée à 23 °C, bien plus élevée que ce que les modèles climatiques antérieurs imaginaient. L'océan Arctique a ensuite connu une période de refroidissement jusqu'à il y a 25 millions d'années, avec une baisse de la température de l'eau d'environ 10 °C. La glaciation a commencé à s'installer il y a environ 14 millions d'années et s'est intensifiée il y a environ 3 millions d'années.

Ces découvertes prouvent que la région arctique n'a pas toujours été une contrée glacée. Au contraire, pendant longtemps, un climat tempéré, voire chaud, y régnait. Le niveau de la mer y était également beaucoup plus bas, ce qui formait une sorte de continent englobant les îles britanniques et les îles du Nord.

Pour une période plus récente, des preuves probantes ont été rapportées par des scientifiques russes. Ils ont découvert des mammouths congelés sous la banquise, figés brusquement alors qu'ils étaient en pleine digestion. Leurs restes ont été datés d'environ 10 000 ans avant notre ère. Étant donné que les mammouths étaient des herbivores, il est clair que la région du pôle arctique était encore recouverte de prairies il y a environ 10 à 12 000 ans.

On peut donc supposer qu'un événement climatique soudain a touché ces terres à cette époque. Il est également probable que le niveau de la mer a rapidement augmenté, engloutissant les terres et tout ce qui vivait à la surface. L'hypothèse d'une chute d'astéroïde entraînant un brusque déplacement de l'axe des pôles a été évoquée parmi les causes possibles de ce cataclysme.

Certains considèrent que la migration annuelle de certains oiseaux vers ces contrées constitue également une preuve qu'ils conservent la mémoire de l'existence de cette région autrefois florissante.

Des chercheurs pensent donc que les traces archéologiques présentes sur la péninsule de Kola pourraient être des vestiges de l'ancienne Hyperborée.

Bien que certaines formations rocheuses naturelles puissent parfois ressembler à des constructions cyclopéennes (il existe d'ailleurs quelques exemples dans ces régions, comme des escaliers massifs qui ne mènent nulle part), de nombreuses structures artificielles sont indéniablement présentes.

On a ainsi découvert des tumuli géants, des ruines cyclopéennes, des blocs mégalithiques, d'immenses dalles de pierre taillée, des menhirs, des dolmens, les vestiges d'un ancien observatoire, ainsi qu'un réservoir creusé dans la pierre d'une profondeur de 15 mètres.

Des scientifiques russes ont aussi découvert au milieu de la toundra, les vestiges d'une ancienne route pavée érodée, longue de 2 km, qui va du lac Lovozero au lac seydozero. Ils ont aussi relevé la présence, sur une immense falaise, d’un pétroglyphe géant représentant une étrange créature humanoïde avec les bras tendus.

En 1997, plus de 800 pétroglyphes ont aussi été découverts sur une île du lac Kanozero, dans le sud-ouest de la péninsule de Kola. Ils ont été datés du IIIe millénaire avant notre ère, mais leur interprétation reste à ce jour inconnue.

Curieusement, ces découvertes ne semblent pas intéresser les milieux archéologiques et aucune étude officielle n'a été menée à leur sujet.

Qu'elles soient reconnues ou non, ces structures existent pourtant bel et bien. Pour les plus sceptiques, il suffit de consulter la documentation photographique des sites correspondants sur Internet. Bien sûr, il existe également de nombreux articles fantaisistes sur le sujet, mais ceux-ci ne doivent pas servir de prétexte pour discréditer les sources sérieuses.

Qui a construit toutes ces structures ?

Officiellement, les premiers hommes à avoir foulé ces contrées seraient arrivés 9 000 ans avant notre ère. Il s'agissait de simples chasseurs-cueilleurs nomades, les ancêtres des Samis. De là à attribuer ces constructions aux Hyperboréens, il n'y a qu'un pas que certains franchissent convaincus...

Revenons-en aux pyramides, dont plusieurs sources ont rapporté l'existence. A priori, ces pyramides auraient été révélées pour la première fois en 1922 à l'issue d'une expédition dirigée par Alexander Barchenko.

Il n'existe à ma connaissance aucun document officiel traitant de leur existence, par contre, il existe plusieurs photos qui montrent deux montagnes parfaitement pyramidales et orientées de façon identique. Sont-elles naturelles comme il est dit officiellement ? Cependant, des géologues les ont récemment étudiées et ont déclaré qu'il s'agissait de montagnes anthropiques, c'est-à-dire construites par l'homme. D'après le rapport, elles auraient même été édifiées en plusieurs étapes, au moins trois.

Alors qui croire ? La péninsule de Kola va semble-t-il conserver son mystère pour le moment.

Rappelons que c'est précisément en ce lieu qu'a été foré le trou le plus profond jamais réalisé sur Terre à ce jour. Il est large de 23 cm et profond de plus de 12 km... Quel était le but réel de ce forage ? Pourquoi a-t-il été abandonné ?

Avant de clore le chapitre sur la Russie, il est intéressant de signaler qu'un groupe de touristes affirme avoir découvert dans les massifs de l'Oural une montagne ressemblant étrangement à une pyramide... Le portail d'information "Ekaterinbourg online", qui a rapporté l'information, précise que cette montagne difficile d'accès est située dans le district autonome des Khantys-Mansis.

Cette curieuse montagne de forme pyramidale est effectivement visible sur des images satellites. S'il s'agissait réellement d'une pyramide, elle ferait deux fois la taille de celle de Khéops.

Des pyramides en Bosnie ?

Difficile d'y voir clair dans ce dossier si controversé, avec d'un côté un découvreur sûr de son fait, et de l'autre des archéologues peu soucieux d'investiguer sérieusement.

Tout commence en 2005, lorsque Semir Osmanagic, un archéologue amateur américain d'origine bosniaque, annonce avoir découvert que la colline qui domine la petite ville de Visoko, en Bosnie, est en fait artificielle.

Dès lors, l'affaire est lancée et celle que l'on appelle désormais la "Vallée des Pyramides" va concentrer toutes les hypothèses et tous les fantasmes. Cette vallée s'étend sur quelques kilomètres carrés, de part et d'autre de la rivière Bosna, à une petite quarantaine de kilomètres au nord-ouest de Sarajevo. Selon Osmanagic, elle recèlerait plusieurs pyramides extrêmement anciennes.

En 2005, Osmanagic est interpellé par une colline dont les formes lui paraissent anormalement géométriques, en tout cas beaucoup trop pour être naturelles.

De fait, cette colline possède deux faces triangulaires, très plates, avec des angles parfaits. Ce qui est moins évident pour la troisième face, quant à la quatrième face, elle est masquée par une autre montagne. Mais Semir Osmanagic est sûr de sa découverte, il va donc réunir une petite équipe d'archéologues amateurs et commencer à creuser le sol de cette "pyramide".

Les fouilles démarrent en avril 2006, elles se concentrent tout d'abord sur la plus haute des trois collines qui entourent Visoko, celle de Visočica qui mesure 213 mètres, et que Semir Osmanagic va baptiser la "Pyramide du Soleil". Pour l'heure, le résultat des recherches porte essentiellement sur des blocs de pierre taillés et un système de tunnels à l'intérieur de la "colline-pyramide". Des monolithes de grandes tailles auraient été découverts dans ces tunnels, ainsi que des plaques de céramique, dont une de plus de 40 tonnes ! Précision importante, la céramique est un matériau qui n'existe pas à l'état naturel.

Osmanagic prétend que la pyramide était à l'origine orientée selon les quatre points cardinaux, ce qui n'est pas le cas à l'heure actuelle. Il explique que les points cardinaux ont bougé au cours des millénaires, ce qui est incontestable. Cependant, il faudrait connaître l'âge précis de la pyramide pour déterminer son orientation réelle à cette époque. À noter que si la "Pyramide du Soleil" est réellement une pyramide, elle serait plus grande que celle de Khéops, qui ne mesure "que" 148 mètres de hauteur.

A priori, des études avec un radar à pénétration de sol auraient révélé l'existence de vastes réseaux de tunnels souterrains, s'étendant sur une longueur considérable et à des profondeurs variant de quelques mètres à environ 350 mètres. Ces tunnels sont partiellement ou totalement obstrués, et chaque année, des équipes de volontaires se relaient pour dégager la terre qui les bloque. C'est précisément dans ces tunnels que des blocs de pierre taillés et des plaques de céramique ont été découverts. L'une de ces plaques présente des gravures qui semblent représenter une sorte de carte avec des signes similaires à des runes.

Des analyses géologiques et sédimentaires réalisées en 2005 et 2006 auraient confirmé que la surface de la pyramide est composée de grès stratifié découpé en dalles régulières. Des échantillons prélevés et analysés au microscope électronique suggèrent qu'il pourrait s'agir de géopolymères, une forme de béton artificiel. Les travaux de recherche s'étendent également aux deux collines voisines, appelées la "Pyramide de la Lune" et la

"Pyramide du Dragon". La "Pyramide de la Lune" mesure environ 190 mètres de hauteur, seuls trois côtés sont visibles, le quatrième est inclus dans un plateau adjacent. Selon Osmanagic, sous la couche de terre actuelle, elle serait recouverte de plaques de grès et d'argile, et abriterait également un réseau de tunnels souterrains.

La "Pyramide du Dragon", la plus petite des trois, mesure environ 90 mètres de hauteur.

Osmanagic affirme que le Bureau cadastral du comté de Visoko a effectué des relevés GPS des trois sommets et a déterminé qu'ils étaient disposés en triangle équilatéral. Selon ces relevés, les distances entre les trois sommets sont les mêmes, soit 2 170 mètres, avec une marge d'erreur de moins de 2%. Cependant, je n'ai pas trouvé copie de ce rapport.

Des photographies aériennes ont également révélé l'existence de deux autres pyramides, appelées la "Pyramide de la Terre" et la "Pyramide de l'Amour". Des échantillons prélevés sur les blocs de surface de ces pyramides ont été analysés par plusieurs laboratoires, qui semblent tous confirmer leur nature artificielle, ressemblant à du béton, et d'une qualité exceptionnelle en termes de résistance.

Comment est-ce possible au regard de l'ancienneté du site ? Selon les données figurant sur le site officiel des Pyramides de Bosnie, plusieurs laboratoires indépendants les auraient datées d'environ 29 000 ans avant notre ère. Ces datations auraient été obtenues, entre autres, par le laboratoire de radiocarbone de Kiev en Ukraine, à partir de matériel organique découvert sur le site de la pyramide du Soleil. Le Dr Anna Pazdur de l'Université polonaise de Silésie a annoncé cette nouvelle lors d'une conférence de presse à Sarajevo en août 2008.

Il n'est donc pas surprenant que la communauté scientifique rejette catégoriquement l'existence de ces pyramides. Officiellement, les collines entourant Visoko sont des formations géologiques naturelles, même si elles présentent des caractéristiques pyramidales, et Semir Osmanagic est considéré comme un imposteur.

Toujours selon la version officielle, les premiers occupants de la vallée de la Bosna étaient des chasseurs-cueilleurs du haut Paléolithique. Ces populations ne disposaient évidemment ni des outils ni des connaissances nécessaires pour construire de tels monuments.

Malgré cela, Semir Osmanagic continue d'affirmer que même si ces pyramides sont contestées par la science, elles sont authentiques et méritent d'être étudiées. Lors de la première conférence en août 2008 sur le sujet, 55 scientifiques de 13 pays différents ont conclu qu'elles relevaient de l'archéologie.

Il est donc difficile de se faire une idée précise de l'authenticité de ces pyramides, d'où l'utilisation fréquente du conditionnel tout au long de cet exposé.

D'un côté, nous avons Semir Osmanagic, qui cherche à tout prix à démontrer sa thèse sans parvenir à convaincre totalement. D'un autre côté, nous avons des scientifiques orthodoxes qui font des déclarations catégoriques sans que l'on sache vraiment si elles sont fondées ou si elles sont simplement destinées à balayer un dossier gênant...

Découvrez la suite dans

"Une vérité qui dérange" Nous ne sommes pas les premiers sur Terre.

CONCLUSION PROVISOIRE

Les origines de l'Univers restent incertaines, tout comme celles de l'Humanité.

Les réponses que la science nous propose ne sont que des hypothèses consensuelles.

Ce premier tome a dressé un tableau des différentes étapes ayant conduit à l'apparition de l'Homme et de la première civilisation. Ces étapes ne sont que des projections du possible, mais il est probable que la vérité soit toute autre.

Ce livre est un travail d'approche et de vulgarisation assez généraliste, ce qui le rend forcément réducteur par rapport au nombre de sujets abordés. Il aurait fallu de nombreux ouvrages pour développer chacun de ces sujets de manière exhaustive. Je n'avais ni le temps ni les compétences nécessaires.

Le but de ce livre était simplement d'interpeler le lecteur, de soulever le voile de l'inconnu, d'éveiller sa curiosité, de le faire réfléchir, mais aussi de mettre en évidence l'étendue de notre ignorance.

Il est probable que certains d'entre seront amenés à formuler des réserves, voire des objections, et c'est tout à fait légitime, car aucun point de vue n'est universel.

Vous n'aurez évidemment pas trouvé de réponses définitives, mais vous avez peut-être découvert de nouvelles pistes de réflexion, et c'est déjà un premier pas.

Peut-être aussi verrez-vous certaines sciences sous un autre jour. Il ne s'agit bien sûr pas de les rejeter, mais de garder à l'esprit que tout ce qui est qualifié de scientifique n'est pas nécessairement synonyme de vérité.

Dans le prochain tome, nous aborderons ce que certains appellent "l'archéologie interdite". Nous ferons le point sur d'anciens sites, des mégalithes exceptionnels, des pierres gravées qui ne devraient pas exister, des ossements et des crânes qui dérangent, des empreintes et des fossiles qui ne collent pas avec le cadre officiel, des objets hors du temps, etc.

Tous ces éléments remettent en question l'histoire de l'Humanité.

Pourquoi l'archéologie ne nous apporte-t-elle pas de réponses objectives sur tous ces sujets ? Tout simplement parce qu'avant même que l'archéologie ne se développe, notre histoire officielle était déjà écrite, et le rôle de l'archéologie consiste en réalité à compiler des données factuelles pour étayer ces fondations.

N'oublions pas ce que disait Socrate : "On ne fait pas de l'histoire avec des pierres et des tessons de poterie, on ne fait que raconter des histoires."

Post-scriptum

La rédaction de ce livre m'a demandé beaucoup de temps et d'énergie, et je serai heureux s'il vous a permis de regarder le monde avec un nouvel éclairage et s'il a éveillé en vous un nouvel état d'esprit.

Bibliographie

L'Atlantide et le règne des géants - Denis Saurat – Editions J'ai lu – 1954
Le matin des magiciens - Louis Pauwels et Jacques Ber-gier- Gallimard – 1960
Tiahuanaco 10.000 ans d'énigmes incas - Simone Waissbard– Robert Laffont – 1971
L'histoire commence à Bimini - Pierre Carnac - Robert Laffont – 1973
Le secret de l'Atlantide - Jurgen Spanuyh – Editeur Copernic – 1977
L'Atlantide des géants - Jean-Louis Bernard– Albin Michel
– 1980
La vie vient de l'espace - Francis Crick - Hachette – 1983L'infini, l'univers et les mondes – Giordano Bruno - Berg International – 1987
A l'aube de la mémoire humaine - Anton Van Casteren –Robert Laffont – 1989
Le mystère d'Orion - Robert Bauval et Gilbert Adam - Pygmalion – 1994
L'empreinte des Dieux - Graham Hancock - Pygmalion –1995
The search for lost origins - Joey R Jochmans. – AtlantisRising – 1996
Guizeh, au-delà des grands secrets - Guy Gruais - Editions du Rocher – 1997
L'Archéologie interdite - Collin Wilson - Editions du Rocher – 1997
L'Atlantide - Shirley Andrews - Editions A &A – 1998
L'Atlantide et ses secrets - Herbie Brennan – Presse du Chatelet – 2001
L'Atlantide, autopsie d'un mythe - Pierre Carnac - Éditionsdu Rocher – 2001
L'histoire secrète de l'espèce humaine - M. Cremo et R. Thompson - Editions du Rocher – 2002
L'origine du monde, d'où venons-nous? - Félix – 2002
Civilisations englouties, Tome 1 - Graham Hancock - Edi-tions Pygmalion – 2002
Civilisations englouties, Tome 2 - Graham Hancock -

Edi-tions Pygmalion – 2003
Le mystère du Grand Sphinx - Robert Bauval et Gra-hamHancock - 2003
Le programme Homme - P. Rabischong - PUF – 2003
Les routes de l'Atlantide - Andrew Collins – La Huppe – 2005
L'univers informé - Lynne Mc Taggart – Ariane Publica-tions – 2005
L'archéologie interdite. De l'Atlantide au Sphinx – Collin Wilson - Editions du Rocher – 2006
Petite histoire de l'Univers - Stephen Hawking – City Edi-tions – 2008
L'Atlantide retrouvée? – Jacques Collina-Girard - Belin -2009
Le Big Bang et après – Collectif – Albin Michel – 2010
Avant les Pyramides - Christopher Knight - Alphee – 2010Eden, la vérité sur nos origines - Anton Parks – Editions Nouvelle Terre – 2011
Les mystères de l'Atlantide décryptés - Simon Cox – Ori-ginal Books – 2011
Cosmo Genèse - Zecharia Sitchin - Savoirs anciens – 2012
Le Génie technologique des Anciens – Kadath – 2013
Le Génie technologique des anciens - Charles Hapgood -Editions Oxus – 2013
L'humanité revisitée - Marc Gakyar – Editions Atlantes –2014
De Göbeckli Tepe à Sumer - Bleuette Diot – Editions Dorval – 2014
Les géants et l'Atlantide - Laurent Glauzy – Editions mai-son du salat – 2014
La bipédie initiale - François de Sarre – Editions Ethos –2014
L'empreinte des Dieux – Graham Hancock - Editions Pygmalion – 2016
Soyons conscients des manipulations de l'élite mond-iale -Paul Hellyer - Editions Ariane – 2017
Magiciens des Dieux - Graham Hancock - Pygmalion – 2017
La Genèse de l'humanité - L'émergence de l'homme, Par-tie 1 - Bleuette Diot - Auto édition – 2017

La Genèse de l'humanité - Les Dieux civilisateurs, Partie2 - Bleuette Diot - Auto édition – 2017
Les gènes d'Adam manipulés – Pietro Buffa – Editions Macro – 2018
Nos origines à pas de géants - Michel Brou - Editions Jetsd'Encre – 2018
La conspiration des élites n'est plus une théorie - C. Fay-dit - Edition Bod – 2019
Le savoir enfoui des deux Mondes - Philippe A. Jandrok -Editions Pandora – 2019
La Genèse de l'humanité - A la lumière de la science, Partie 3 - Bleuette Diot - Auto édition – 2019
La Révélation – Jean Bruschini – Auto-édition – 2020

Magazine IKARIS (consavré entièrement aux actualités des grandes énigmes et de l'inexpliqué)

Printed in France by Amazon
Brétigny-sur-Orge, FR